Access 数据库程序设计实验实训及考试指导
（第 3 版）

总主审　胡学钢
总主编　郑尚志
主　编　陈桂林
副主编　计成超　吴长勤　郭有强
　　　　王　峰
参　编　（以姓氏笔画为序）
　　　　王建一　许　漫　张　华
　　　　袁　琴　蔡庆华

图书在版编目(CIP)数据

Access 数据库程序设计实验实训及考试指导/陈桂林主编.—3 版.—合肥:安徽大学出版社，2016.2
计算机应用能力体系培养系列教材
ISBN 978-7-5664-0979-9

Ⅰ.①A… Ⅱ.①陈… Ⅲ.①关系数据库系统－程序设计－高等学校－教学参考资料 Ⅳ.①TP311.138

中国版本图书馆 CIP 数据核字(2016)第 027326 号

Access 数据库程序设计实验实训及考试指导(第 3 版)　　陈桂林　主　编

出版发行：	北京师范大学出版集团
	安徽大学出版社
	(安徽省合肥市肥西路 3 号 邮编 230039)
	www.bnupg.com.cn
	www.ahupress.com.cn
印　　刷：	合肥现代印务有限公司
经　　销：	全国新华书店
开　　本：	184mm×260mm
印　　张：	8.75
字　　数：	213 千字
版　　次：	2016 年 2 月第 3 版
印　　次：	2016 年 2 月第 1 次印刷
定　　价：	17.50 元

ISBN 978-7-5664-0979-9

策划编辑：李　梅　蒋　芳		装帧设计：李　军　金伶智	
责任编辑：蒋　芳		美术编辑：李　军	
责任校对：程中业		责任印制：赵明炎	

版权所有　侵权必究

反盗版、侵权举报电话：0551－65106311
外埠邮购电话：0551－65107716
本书如有印装质量问题，请与印制管理部联系调换。
印制管理部电话：0551－65106311

编写说明

近年来,随着计算机与信息技术的飞速发展,社会及用人单位对高等学校学生的计算机应用能力的要求不断提高,为此,各高等学校高度重视计算机基础教学的质量,也高度重视全国高等学校(安徽考区)计算机水平考试。安徽省教育厅大力推进安徽省计算机基础教学改革与计算机水平考试改革,2014年11月组织专家对2005年版《全国高等学校(安徽考区)计算机水平考试教学(考试)大纲》进行了重新编写,并于2015年2月发布,新编写的大纲从2015年下半年开始启用。

为配合《全国高等学校(安徽考区)计算机水平考试教学(考试)大纲》的实施,促进安徽省高等学校计算机基础教学与考试的改革,2014年,安徽省高等学校计算机教育研究会召开专题研讨会,成立了安徽省计算机基础教学课程组(共8个)。课程组由一批长期从事高等学校计算机基础教学的专家、教师组成,以推进安徽省计算机基础教学的发展与改革。2015年5月,安徽省高等学校计算机教育研究会召开课程组专门会议,研讨我省计算机基础教学改革,并决定与安徽大学出版社合作,组织编写出版一套与《全国高等学校(安徽考区)计算机水平考试教学(考试)大纲》配套的具有较高水平、较高质量的教材。课程组成立了本套系列教材编写委员会,安徽省高等学校计算机教育研究会理事长胡学钢教授担任总主审,安徽省高等学校计算机教育研究会基础教学专委会副主任郑尚志教授担任总主编,本套系列教材定于2015年陆续出版,敬请各位同仁关注。

本套系列教材的编写主要是根据目前安徽省高等学校计算机基础教学的现状,本着"出新品、出精品、高质量"的原则,努力打造适合安徽省计算机基础教学的高质量教材,为进一步提高安徽省计算机基础教学水平做出贡献。

郑尚志
2015 年 8 月

编委会名单

主　任　　胡学钢（合肥工业大学）
副主任　　郑尚志（巢湖学院）
委　员　　（以姓氏笔画为序）
　　　　　　丁亚明（安徽水利水电职业技术学院）
　　　　　　丁亚涛（安徽中医药大学）
　　　　　　尹荣章（皖南医学院）
　　　　　　王　勇（安徽工商职业学院）
　　　　　　叶明全（皖南医学院）
　　　　　　朱文婕（蚌埠医学院）
　　　　　　宋万干（淮北师范大学）
　　　　　　张成叔（安徽财贸职业学院）
　　　　　　张先宜（合肥工业大学）
　　　　　　佘　东（安徽工业经济职业技术学院）
　　　　　　李京文（安徽职业技术学院）
　　　　　　李德杰（安徽工商职业学院）
　　　　　　杨　勇（安徽大学）
　　　　　　杨兴明（合肥工业大学）
　　　　　　陈　涛（安徽医学高等专科学校）
　　　　　　周鸣争（安徽工程大学）
　　　　　　赵生慧（滁州学院）
　　　　　　钟志水（铜陵学院）
　　　　　　钦明皖（安徽大学）
　　　　　　倪飞舟（安徽医科大学）
　　　　　　钱　峰（芜湖职业技术学院）
　　　　　　黄存东（安徽国防科技职业学院）
　　　　　　黄晓梅（安徽建筑大学）
　　　　　　傅建民（安徽工业经济职业技术学院）
　　　　　　程道凤（合肥职业技术学院）

前　言

本书的第 1 版和第 2 版分别出版于 2007 年和 2010 年。在过去的几年中,使用本书的老师和同学们对本书提出了许多非常有价值的意见。2015 年,安徽省教育厅重新编写了全国高等学校(安徽考区)计算机水平考试教学(考试)大纲,将 Access 数据库程序设计考试的内容调整为以 Access 2010 为基础。为了使本书具有更好的适应性与实用性,我们对本书的第 2 版进行了修订。

本书是与《Access 数据库程序设计(第 3 版)》配套的实验教程,考虑到不同类型学校的教学需要,按照"案例驱动,强化实践,突出方法,重在应用"的要求,力求把知识点融入到具体的实验项目中,循序渐进地培养学生的实际应用能力,所有案例均围绕着图书管理进行了重新设计,有较强的实用性。本书集实训、教材习题解答、考试模拟于一体,主要内容如下:

第一部分:实验实训。本部分围绕着实际工作中的图书管理设计了 13 个实训,从基本的数据库创建、表的设计与创建,到查询、窗体等数据库对象的建立与应用,循序渐进地给出了实际的 Access 应用开发的过程。其中每个实训都给出了实训目的、要求、内容及过程,还根据实训的内容设计了思考与练习,以促进学习者的思考,促进对基本应用方法的掌握。

第二部分:这部分收集了教材中的习题,给出了参考解答,便于学生自学检查,同时又使本书自成体系。模拟试卷及参考答案,给出了两套模拟考试试卷及参考答案。希望通过此部分内容让学习者了解相关考试的基本情况,为顺利通过考试打好基础。

本教材由陈桂林主编,参与编写的主要人员有计成超、吴长勤、郭有强、王峰、袁琴、许漫、蔡庆华、王建一、张华。此外,徐志红、赵生慧、董再秀、胡晓静等多位老师参加了本书的资料收集编写工作。

本书在出版过程中,一直得到安徽省教育厅和安徽大学出版社的指导与支持,在此一并致谢。

由于作者水平有限,难免会有一些错误,恳望读者不吝指教,以便再版时修正。您有任何建议均欢迎与我们联系,E-mail:glchen@ah.edu.cn。

编　者
2016 年 1 月

目 录

第 1 部分 实验实训

实训 1 熟悉 Access 操作环境 ... 3

实训目的 ... 3
实训要求 ... 3
实训内容 ... 3
实训过程 ... 3
思考与练习 ... 7

实训 2 创建数据表 ... 8

实训目的 ... 8
实训要求 ... 8
实训内容 ... 8
实训过程 ... 8
思考与练习 ... 13

实训 3 编辑数据表 ... 14

实训目的 ... 14
实训要求 ... 14
实训内容 ... 14
实训过程 ... 14
思考与练习 ... 16

实训 4　数据表高级操作　　17

实训目的 …………………………………………………… 17
实训要求 …………………………………………………… 17
实训内容 …………………………………………………… 17
实训过程 …………………………………………………… 17
思考与练习 ………………………………………………… 19

实训 5　选择查询的应用　　20

实训目的 …………………………………………………… 20
实训要求 …………………………………………………… 20
实训内容 …………………………………………………… 20
实训过程 …………………………………………………… 21
思考与练习 ………………………………………………… 25

实训 6　操作查询的应用　　26

实训目的 …………………………………………………… 26
实训要求 …………………………………………………… 26
实训内容 …………………………………………………… 26
实训过程 …………………………………………………… 26
思考与练习 ………………………………………………… 30

实训 7　窗体的简单应用　　31

实训目的 …………………………………………………… 31
实训要求 …………………………………………………… 31
实训内容 …………………………………………………… 31
实训过程 …………………………………………………… 31
思考与练习 ………………………………………………… 33

实训 8　窗体的高级应用　　35

实训目的 …………………………………………………… 35
实训要求 …………………………………………………… 35

实训内容	35
实训过程	35
思考与练习	37

实训 9　报表的设计　39

实训目的	39
实训要求	39
实训内容	39
实训过程	39
思考与练习	44

实训 10　VBA 的编辑　45

实训目的	45
实训要求	45
实训内容	45
实训过程	45
思考与练习	49

实训 11　设计事件驱动程序　50

实训目的	50
实训要求	50
实训内容	50
实训过程	50
思考与练习	53

实训 12　VBA 数据库操作　54

实训目的	54
实训要求	54
实训内容	54
实训过程	54
思考与练习	57

实训 13　设计简单的图书管理系统 ... 59

　　实训目的 ... 59
　　实训要求 ... 59
　　实训内容 ... 59
　　实训过程 ... 59
　　思考与练习 ... 62

第 2 部分　考试指导

练习题 1 ... 65
练习题 2 ... 67
练习题 3 ... 69
练习题 4 ... 73
练习题 5 ... 75
练习题 6 ... 78
练习题 7 ... 81
练习题 8 ... 83
练习题 9 ... 86
练习题 10 ... 89
练习题 11 ... 91
练习题 12 ... 94
练习题参考答案 ... 96
模拟试卷 1 ... 108
　　模拟试卷 1 参考答案 ... 111
模拟试卷 2 ... 113
　　模拟试卷 2 参考答案 ... 116

附　录　全国高等学校(安徽考区)计算机水平考试《Access 数据库程序设计》教学(考试)大纲 ... 117

第 II 部分
实验实训

实训 1
熟悉 Access 操作环境

▎ 实训目的

1. 熟悉 Access 的主界面及常用操作方法。
2. 掌握建立 Access 数据库的基本过程与操作步骤。
3. 理解向导、视图等常用工具的作用,掌握其应用方法。

▎ 实训要求

1. 认真学习教材第 2 章的内容,掌握建立 Access 数据库的方法与操作步骤。
2. 检查所用的电脑是否符合 Access 的运行环境要求。
3. 开始操作之前,设计好创建数据库的主要操作步骤,根据自己的实际情况设计好"我的联系信息"数据库中的表及字段。
4. 在操作过程中,仔细阅读屏幕显示的窗口或者对话框中的信息,并思考其对实验操作的帮助意义。

▎ 实训内容

1. 启动 Access,在"C:\图书馆"文件夹(如果该文件夹不存在,先建立)中创建一个数据库,并将其命名为"图书馆"。
2. 通过向导在"D:\"中创建"我的联系信息"数据库。
3. 练习数据库文件的打开与退出。

▎ 实训过程

分析:Access 是一个典型的 Windows 应用程序,其用户界面包括图标、菜单、工具按钮及对话框等,所有这些操作都与一般的 Windows 操作相同。

Access 的许多操作有共同的或者相似的规律,表、查询、窗体等数据库对象有类似的建立方法及建立过程,向导及设计视图是两种主要的设计工具,是 Access 的基本方法。

在建立数据库时,要先做好设计。设计好数据库的名字,数据库中的表及表的结构(所包含的字段),规划好存储位置等。

1. 启动 Access

Access 的启动与一般的 Windows 应用程序启动的方法相同,基本方法及操作过程如下:

(1)利用"开始"菜单启动

通过如图 1-1 所示的"开始"菜单中的程序选项启动,具体操作过程请读者自行练习。在启动 Access 的过程中,系统会显示一个启动方式选择对话框,通过该对话框可以打开已有的数据库文件,也可以建立空白数据库,还可以通过数据库向导建立数据库,除非是第一次使用 Access,否则一般不提倡在刚打开 Access 时就建立数据库。

图 1-1 通过"开始"菜单启动 Access

(2)利用 Access 数据库文件关联启动 Access

双击任何一个 Access 数据库文件都可以启动 Access,并同时打开相应的数据库。

2. 熟悉 Access 界面

这部分实验的目的是让读者熟悉基本的 Access 操作界面。请读者自行练习菜单、工具按钮等各种常用的 Windows 操作界面的操作方法。

3. 建立空白的图书馆数据库

创建数据库也有多种方法,可以在启动时创建,也可以通过"文件"菜单中的"新建"选项。下面介绍通过"新建"选项创建数据库的操作过程。

(1)打开"新建"对话框

单击 Access"文件"菜单中的"新建"命令,或单击工具栏上的"新建"按钮,屏幕显示如图 1-2 所示的"新建"对话框。

(2)选择新建项目

单击图 1-2 右下角" "按钮,屏幕显示如图 1-3 所示的"文件新建数据库"对话框,确定存储位置"C:\图书馆"和文件名"图书馆",在图 1-2 中单击"创建"按钮即可。

图 1-2 "新建"对话框

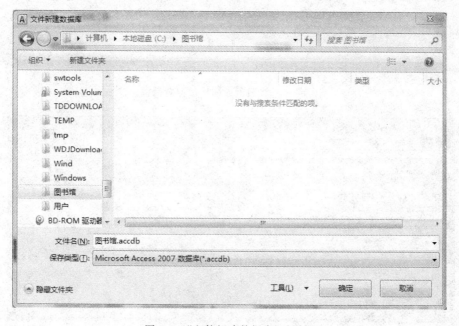

图 1-3 "文件新建数据库"对话框

4. 通过向导创建"资产列表"数据库

数据库向导是 Access 给出的一些数据库模板，用户可以在这些模板的基础上，直接建立自己的数据库。

启动 Access 后，在如图 1-2 所示的"新建"窗口中选择"资产"标签，屏幕显示如图 1-4 所示的对话框，选择"资产"，单击"下载"按钮。屏幕显示如图 1-5 所示的数据表格输入窗口，单击上方的"启用内容"后，即可进行数据录入。

图 1-4 选择数据库向导类型对话框

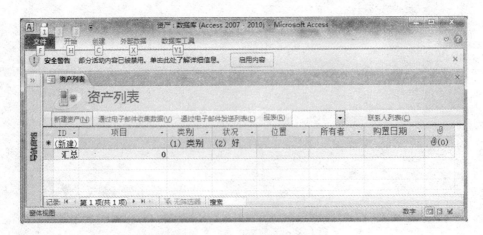

图 1-5 资产列表数据表

5. 退出 Access

类似于 Access 的启动,退出 Access 的操作方法也与其他的 Windows 应用程序相同。
① 利用"文件"菜单退出 Access。选择"文件"菜单中"退出"选项。
② 按组合键"Alt+F4",或者按组合键"Alt+F+X"。
③ 单击"关闭"按钮,退出 Access。

6. 打开数据库文件

在 Windows 应用程序中,主菜单中一般都会有一个文件项,也都会有一个打开子菜单(选项)。打开一个已经存储在磁盘上的数据库文件,既可以在启动 Access 时通过启动方式选择对话框;也可以通过"文件"菜单中的"打开"选项。具体操作过程请读者自行考虑。

思考与练习

1. 除了实验中给出的建立数据库的方法外,还有哪些方法?试简单地描述其建立过程并在计算机上实现。
2. 当双击某一个数据库文件时,系统可以自动启动 Access 并打开该数据库文件,这个操作能顺利完成的前提条件是什么?其他的 Windows 文件也可以这样打开吗?为什么?
3. 创建好数据库后,在 Access 窗口中有哪些按钮?它们的作用是什么?
4. 在创建"我的联系信息"数据库的过程中,有不同的显示样式及打印样式可以选择,请通过实验操作对不同的样式进行比较,并说明其主要差异。
5. 在创建"我的联系信息"数据库过程中,图 1-5 所示的窗口及以后显示的每一个窗口中都有一个"完成"按钮,在这些窗口中单击"完成"按钮与选择"下一步"有什么区别?请通过操作对其进行比较,并将结果用文字描述出来。
6. 建立一到两个数据库,文件名及保存位置不限。
7. 向导是 Access 中比较常用的一个工具,比较一下本实验中两种建立数据库文件的方法,用语言描述向导的作用及所带来的便利。
8. 为什么要在操作结束后退出 Access,如果不正常退出,可能会有什么结果发生?在计算机上试一试。

实训 2 创建数据表

实训目的

1. 理解 Access 数据表的结构,掌握其创建方法。
2. 掌握数据表结构的修改方法。
3. 掌握数据记录的输入与编辑方法。
4. 熟悉数据表设计界面,掌握其使用方法。

实训要求

1. 阅读主教材相关内容,了解数据表结构的组成、字段的数据类型,理解为一个字段确定数据类型的依据。
2. 在具体创建数据表之前,应该完成数据表结构的设计。本实训中的数据表已经设计完成,要求首先对其进行分析,熟悉其中的各个字段。
3. 了解创建数据表的其他方法。
4. 注意实验过程中不同类型的数据在输入方法上的差异。

实训内容

1. 在图书馆数据库中,创建 BOOKS 表,并对字段的属性进行设置。
2. 向数据表中输入数据。
3. 分析数据表结构是否合理,并对其中的字段进行调整,增加或者删除字段。
4. 对数据表中记录进行添加或删除操作。

实训过程

分析:结合图书馆的实际工作,依据数据库设计的理论和原则,我们在图书馆.mdb(图书管理)数据库中建立 7 个相互关联的数据表,每个数据表对应着图书管理工作中的一个方面,即一表一主题,他们之间以关键字构成关联,形成一个有机的整体。7 个数据表分别是图书信息表 BOOKS、读者基本信息表 READERS、借阅信息表 LOANBOOK、还书信息表

BACKBOOK、丢失图书信息表 LOSTBOOK、图书类型代码表 BOOKKIND 和出版社代码表 PUBLISH。BOOKS 表与 LOANBOOK 表、BACKBOOK 表和 LOSTBOOK 表之间以 BOOK_ID(图书编号)字段构成关联;而 READERS 表与 LOANBOOK 表、BACKBOOK 表和 LOSTBOOK 表之间以 READER_ID(读者编号)字段构成关联。

本次实验主要创建图书信息表 BOOKS,输入数据记录,其结构如表 2-1 所示。其他数据表请同学们课后自行创建。创建数据表的主要操作是通过 Access 的设计视图定义数据表中的所有字段,即定义每一个字段的字段名、字段数据类型并设置有关的字段属性。主要操作过程如下。

表 2-1 BOOKS 表(图书信息表)

字段名称	数据类型	字段大小	说明
BOOK_ID	文本	9	图书编号(设为主键)
BOOK_NAME	文本	50	书名
AUTHOR	文本	50	作者
BOOK_KIND_ID	文本	2	类型
PRICE	货币	货币	价格
STOCK	数字	整型	库存量
PUBLISH_ID	文本	2	出版社名称
PAGES	数字	整型	页码
BOOKSHELF	文本	4	书架名称
ENTER_TIME	日期/时间	短日期	入库时间
LOAN_NUMBER	数字	整型	借阅次数
PUBLISHTION	日期/时间	短日期	出版日期
MEMO	备注	(默认)	备注

1. 打开"新建表"对话框

打开图书馆.mdb 数据库,单击"创建"按钮,在窗口中选择"表设计"按钮,屏幕显示"设计视图"窗口,如图 2-1 所示。也可以在数据库窗口中选择"表"对象,双击"使用设计器创建表",直接进入设计视图。

图 2-1 设计视图

数据表设计视图中的上半部分是字段输入区,从左至右分别为字段选定器、字段名称、数据类型和说明；下半部分是字段的属性区，用来设置每个字段的属性值。

2. 定义第一个字段

单击第一行的"字段名称"列，输入 BOOKS 表的第一个字段名 BOOK_ID，然后单击"数据类型"列，并单击其右侧的向下箭头按钮，弹出一个下拉列表，列表中列出了 Access 提供的所有数据类型，选择"文本"数据类型，在其后的"说明"栏中输入"编号（设为主键）"，用来注释该字段的实际含义，如图 2-2 所示。

图 2-2　选择数据类型

3. 继续定义字段

重复步骤 2，按照表 2-1 所列的字段名和数据类型，在图 2-2 中顺序输入字段名并设置相应的数据类型。定义完所有字段后，单击第一个字段的字段选定器，然后单击工具栏上的"主键"按钮，将学号字段定义为主键，如图 2-3 所示。

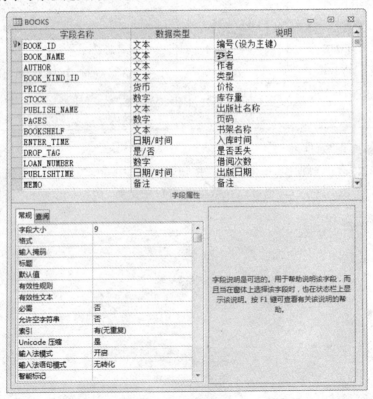

图 2-3　BOOKS 表的结构

4. 保存

单击"表设计"工具栏中的"保存"按钮,在弹出的"另存为"对话框的"表名称"框中输入 BOOKS,并单击"确定"按钮,保存 BOOKS 表的设置。

注意:如果在设计数据表结构过程中,忘记了将 BOOK_ID 字段设置为主键,则在"保存"过程中系统将给出如图 2-4 提示。

图 2-4 未定义主键提示

5. 输入数据记录

切换至 BOOKS 表的数据表视图,在 BOOKS 表中输入如下表 2-2 中的记录。

表 2-2 记录示例

BOOK_ID	BOOK_NAME	AUTHOR	BOOK_KIND_ID	PRICE	STOCK	PUBLISH_ID
702003246	围城	钱钟书	5	¥16.00	5	21
753542730	狼图腾	姜戎	5	¥32.00	6	3
754331803	MRI 基础	尹建忠	13	¥60.00	3	28

PAGES	BOOKSHELF	ENTER_TIME	LOAN_NUMBER	PUBLISHTIME	MEMO
300	文学书架	2000.7.1	2	2000.7.1	
200	文学书架	2004.4.1	0	2004.4.1	
100	科技书架	2004.10.1	0	2004.10.1	

6. 删除字段

在 BOOKS 表的设计视图中,选中 MEMO 字段,单击工具栏上的"删除行"按钮,将 MEMO 字段删除,并注意系统的提示。单击工具栏上的"保存"按钮,保存所做的修改。切换至数据表视图,将会发现少了 MEMO 字段。

7. 增加字段

在 BOOKS 表的设计视图中,将步骤 6 中被删除的 MEMO 字段再添加进来,操作步骤如下:

①将鼠标移动到需要插入字段的位置处,选取该行,单击鼠标右键,在随后显示的快捷菜单中选择"插入行",也可以单击工具栏上的"插入行"按钮,在插入的空行中输入新增字段的名称 MEMO,数据类型选择"备注型"。

②增加字段后,原来的字段会往下移。

③单击工具栏上的"保存"按钮,保存所做的修改。

8. 设计其他表

参照前面设计 BOOKS 数据表的方法,设计图书馆.mdb 的数据库中其他数据表,并对各字段的属性作合理的设置,在各数据表中输入一些相关记录。

表 2-3 BACKBOOK 表(还书信息表)

字段名称	数据类型	字段大小	说 明
BACKBOOK_ID	自动编号	长整型	编号(设为主键)
READER_ID	文本	18	读者编号
BOOK_ID	文本	9	图书编号
BOOK_NAME	文本	50	图书名称
BACK_TIME	日期/时间	短日期	还书时间
EXCEED	是/否	(默认)	是否超期
FEE	货币	货币	罚款金额

表 2-4 LOANBOOK 表(借阅信息表)

字段名称	数据类型	字段大小	说 明
LOANBOOK_ID	自动编号	长整型	编号(设为主键)
BOOK_ID	文本	9	图书编号
READER_ID	文本	18	读者编号
LOAN_TIME	日期/时间	短日期	借阅时间
SHOULD_BACK_TIME	日期/时间	短日期	应还时间
BOOKSHELF	文本	4	存放位置

表 2-5 BOOKKIND 表(图书类型代码表)

字段名称	数据类型	字段大小	说 明
BOOK_KIND_ID	文本	2	编号(设为主键)
BOOK_KIND_NAME	文本	5	类型名称

表 2-6 LOSTBOOK 表(图书丢失信息表)

字段名称	数据类型	字段大小	说 明
LOSTBOOK_ID	自动编号	长整型	挂失编号(主键)
BOOK_ID	文本	9	图书编号
READER_ID	文本	18	读者编号
LOST_TIME	日期/时间	短日期	丢失时间
FEE	货币	货币	赔偿金额

表 2-7 PUBLISH 表(出版社代码表)

字段名称	数据类型	字段大小	说 明
PUBLISH_ID	文本	2	出版社编号(主键)
PUBLISH_NAME	文本	20	出版社名称

表 2-8 READERS 表(读者基本信息表)

字段名称	数据类型	字段大小	说　明
READER_ID	文本	18	读者编号(主键)
READER_NAME	文本	3	读者姓名
SEX	文本	1	读者性别
READER_KIND_NAME	文本	2	类型
IDCARD	文本	3	证件
NUM	文本	18	证件编号
TEL	文本	15	联系电话
ADDRESS	文本	50	联系地址
BIRTHDAY	日期/时间	短日期	出生日期
REGISTER	日期/时间	短日期	登记日期
DROPTAG	是/否	(默认)	是否丢失
TIMES	数字	长整型	借阅次数
NUMBER	数字	长整型	可借数量
PERIODOFVALIDITY	日期/时间	短日期	有效期
TIMELIMTED	数字	长整型	最长归还时间,单位(天)
PHOTO	OLE 对象	(默认)	照片
MEMO	备注	(默认)	备注

思考与练习

1. 创建数据表的方法有多种,请通过向导以及输入数据练习创建数据表的方法,完成本实验中所提及的其他表的创建任务。

2. 调查你所在学校的图书馆的管理情况,分析本实验中所提及的各个表的设计是否合理,例如,字段、数据类型以及字段大小等是否符合实际需求,需要为这些字段设置什么样的属性或者约束?

3. 回顾创建表的过程,如何增加字段和删除字段?

4. 将 BOOKS 表中 PUBLISHTIME 字段移到 LOAN_NUMBER 字段前面,PUBLISHTIME 字段名修改为 PUBLISH_TIME,STOCK 字段的默认值属性的设置 10。

5. 打开 BOOKS 表,试着修改记录中各字段的值。在数据表中添加几条新记录,再将记录删除。

6. 如何设置数据表的"主键"字段?"主键"字段有什么作用?

实训 3 编辑数据表

实训目的

1. 进一步加深对数据表的认识。
2. 学会数据表显示形式的设置,使其更美观、方便和实用。
3. 掌握数据表中的查找和替换操作。

实训要求

1. 阅读教材中相关内容,了解数据表编辑的主要任务及操作过程。
2. 分析数据表中行高、列宽的设置有哪几种方法。通过"格式"菜单的"字体"命令,设置字体各项属性。通过"工具"菜单的"选项"命令,更改数据表的默认设置。
3. 讨论在数据表中隐藏列、移动列、列标题的更名和冻结列等的方法与用途。
4. 分析查找和替换记录中数据的方法和作用。

实训内容

1. 设置数据表的行高和列宽,隐藏和取消隐藏数据表的列。
2. 移动数据表列的显示顺序,更改数据表列的显示名。
3. 冻结数据表的一列或多列,分析冻结列的作用。
4. 对数据表中数据显示的字体、字形、字号和颜色进行设置。
5. 查找和替换记录中的数据。

实训过程

分析:一个合理的数据表显示形式,对于查看数据表中的数据、及时快速浏览数据表中的信息等很有帮助。在本实验开始时,首先启动 Access、打开图书馆.mdb 数据库及 BOOKS 数据表,其他操作过程如下所述。

1. 设置列宽和行高

通过"格式"菜单的"列宽"或"行高"命令，改变数据表视图中各字段显示的宽度和各记录显示的高度，也可直接利用鼠标拖动，改变行高或列宽。

2. 隐藏列

选中一列或多列，执行"格式"菜单上的"隐藏列"命令，设置隐藏列。

执行"格式"菜单上的"取消隐藏列"命令，取消隐藏。

3. 移动列

先选定要移动的一列或多列，再次单击字段选定器并按住鼠标左键按钮拖动，将选定的列拖动到新的位置。

4. 冻结列

选中要冻结的列，执行"格式"菜单中的"冻结列"命令即可冻结选中列。在数据表中，可以冻结一列或多列，使它们成为数据表视图最左边的列，无论如何水平滚动，冻结的列总是可见的。

如果要解除对列的冻结，执行"格式"菜单中的"取消对所有列的冻结"命令。

5. 改变数据表视图的显示形式

通过"开始"菜单中的"文本格式"区域按钮，改变数据表视图中数据显示的"字体"、"字形"、"字号"和"颜色"等，如图 3-1 所示。

图 3-1　设置字体

6. 记录定位器使用

通过数据表视图下方的"记录定位器"可以给当前记录定位，其主要按钮及功能如图 3-2 所示。

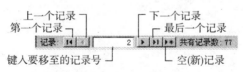

图 3-2　记录定位器

7. 设置字段的"标题"属性

切换至 BOOKS 表的设计视图，顺序将各个字段的"标题"属性分别设置为"编号"、"书名"、"作者"、"类型"、"价格"、"库存量"、"出版社名称"、"页码"、"书架名称"、"入库时间"、"借阅次数"、"出版日期"和"备注"，然后再切换至 BOOKS 表的数据表视图，注意列标题的变化。

8. 查找

在数据表视图下，单击查找内容所在的字段（如：BOOKSHELF），使插入光标在该字段范围内，打开"开始"菜单，点击"查找"命令选项，在弹出的查找内容框内输入待查内容（如：文学书架），在查找范围框内选择字段名（如：BOOKSHELF），在匹配框内选择"整个字段"，重复单击"查找下一个"按钮，系统将顺序逐一查找满足条件的记录。

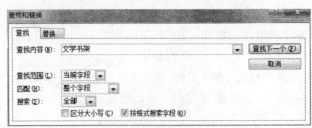

图 3-3　查找

替换与查找的操作方法相类似，请同学们参照教材关于替换的思想和内容，自行实现替换操作。

思考与练习

1. 数据表视图的外观设置有哪些方面？各有什么特点？
2. 查找与替换各有什么用途？查找与替换操作各有什么相同和不同之处？
3. 打开 BOOKS 表的数据表视图，将列宽和行高分别设置为 20 和 15。
4. 打开 BOOKS 表的数据表视图，将 BOOK_NAME 列隐藏，再取消隐藏。
5. 选定 PUBLISH_ID 列，将其拖到新的位置。
6. 将 BOOK_NAME 列冻结，水平滚动其他列。
7. 查找 AUTHOR 为"钱钟书"的记录。
8. 打开 BOOKS 表的数据表视图，将字体设置为楷体、蓝色和五号。

实训 4
数据表高级操作

实训目的

1. 通过本次实验,加深对数据的排序和筛选的认识。
2. 理解数据表关联的本质,学会如何建立和编辑关联关系。
3. 理解实施参照完整性的意义。

实训要求

1. 阅读有关排序内容,分析排序有哪几种方法,各有什么特点。
2. 阅读有关筛选内容,分析筛选有哪几种方法,各有什么特点。
3. 理解数据库中关联关系的作用,能够建立数据表之间的关联关系。
4. 掌握查看、编辑和删除已有的关系。
5. 理解在建立关系时,设置实施参照完整性、级联更新相关字段和级联删除相关记录含义。

实训内容

1. 对数据表中的数据进行排序操作。
2. 对数据表中的数据进行筛选操作。
3. 在数据库中创建各数据表之间的关系,设置实施参照完整性、级联更新相关字段和级联删除相关记录等。
4. 查看已有的关系,编辑已建立的关系。
5. 学会删除已存在的关系。

实训过程

分析:对数据表的记录按一个或多个字段值进行排序,对于分析数据表中数据信息的顺序很有用处。对数据表中的记录按一定条件进行恰当地筛选,能够方便、快速地找到适合条件的记录,这种方法在对数据表中记录分析时很有实际意义。

一个完整的数据库,库中的各个数据表之间往往存在着一定的关联关系,只有将这些关系合理地建立起来,构成一个有机的数据库整体,才能进行有效的查询操作,获得更多、更有效的信息。

本实验的主要操作过程如下:

1. 启动

打开图书馆.mdb 数据库。

2. 简单排序

打开 BOOKS 表的数据表视图,在数据表视图中,选择用于排序的字段(如 PRICE),再单击工具栏上的"升序"或"降序"按钮进行简单排序操作,注意排序效果。

3. 高级排序

打开数据表 BOOKS,选择"开始"菜单中的"高级"命令按钮。屏幕显示如图 4-1 所示的"筛选"窗口,其中的上半部分显示被打开数据表的字段列表,下半部分是设计网格,用来指定排序字段、排序方式和排序准则。在"字段"行分别选择 STOCK 和 PRICE 两字段,在"排序"行分别选择升序或降序。单击工具栏中的"切换筛选"按钮,实现高级排序,注意排序效果。

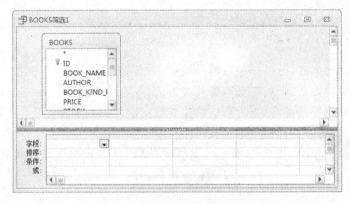

图 4-1 高级排序设置

4. 使用筛选器筛选

单击筛选的字段(如 PRICE)向下箭头,在弹出菜单中单击"数字筛选器",在其后面的条件中选择"期间",在弹出的对话框中输入最大、最小值以限定筛选范围,如图 4-2 所示,按回车键或点击"确定"按钮,Access 就会按照设定的条件筛选出记录。

图 4-2 筛选目标设置

5. 打开关系窗口

关闭所有已打开的数据表,单击数据库工具栏中的"关系"按钮,显示关系窗口。单击工具栏中的"显示表"按钮,弹出"显示"表对话框(见主教材)。在表选项卡中分别双击 BOOKS

表、READERS 表、LOANBOOK 表、BACKBOOK 表、LOSTBOOK 表、BOOKKIND 表和 PUBLISH 表,然后关闭对话框。关系窗口中将显示这 7 个数据表的字段列表。

6. 建立关系

将 BOOKS 字段列表框中的 BOOK_ID 字段拖拽到 LOANBOOK 字段列表框中的 BOOK_ID 字段上,并释放鼠标,即显示"编辑关系"对话框。先后选定"实施参照完整性"复选框、"级联更新相关字段"和"级联删除相关记录"复选框。单击"创建"按钮,在关系窗口中相关字段间即出现关系线。

使用类似的方法,创建其他数据表间的关系,如图 4-3 所示。

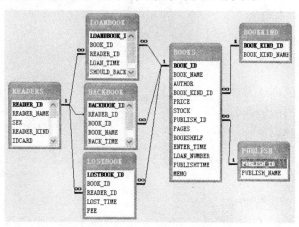

图 4-3 数据表之间的关系

7. 编辑关系

右击某一关系线,在弹出的快捷菜单中选择"编辑关系"命令,查看和编辑关系的属性。

8. 删除关系

右击某一关系线,在弹出的快捷菜单中选择"删除"命令,删除这一关系。

思考与练习

1. 排序的作用是什么?有几种排序方法?各有什么优点?
2. 打开 BOOKS 数据表,建立关于 PUBLISH_ID 字段的降序、BOOK_NAME 字段的升序的排序。
3. 筛选的作用是什么?有几种筛选方法?各有什么优点?
4. 设计几个筛选目标,并用合适的筛选方法实现。
5. 关联的本质是什么?如何建立关联关系?
6. 如何理解"实施参照完整性"、"级联更新相关字段"和"级联删除相关记录"的含义?
7. 数据表之间的关系有哪几种形式?

实训 5 选择查询的应用

实训目的

1. 掌握选择查询的创建方法。
2. 掌握交叉表查询的创建方法。
3. 掌握参数查询的创建方法。

实训要求

1. 熟悉图书管理系统图书馆数据库,查看各数据表之间的关联关系。
2. 熟悉查询设计视图各部分的组成及作用。
3. 复习运算符和函数的含义,正确建立查询准则。
4. 熟悉利用查询设计视图创建、修改和运行查询的方法。

实训内容

利用图书管理系统图书馆数据库中提供的数据表,完成以下操作:

1. 创建学生证件信息的查询,输出所有学生的姓名、证件名称、证件号码、有效期和最长归还时间,结果如图 5-1 所示。
2. 创建教师借书记录的查询,显示所有教师的姓名及所借的书名、单价、借阅时间和应还时间,结果如图 5-3 所示。
3. 创建含有计算字段的"图书库存"查询,统计各出版社的图书库存量和图书总额,结果如图 5-5 所示。
4. 创建以出版社名为参数的查询,显示借阅某出版社(如:北京大学出版社)图书的读者姓名、书名、借阅时间、应还时间和出版社名,结果如图 5-7 所示。
5. 创建"师生借阅记录统计"的交叉表查询,分别统计教师和学生借阅各出版社出版的图书数量,结果如图 5-9 所示。

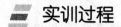

分析: 选择查询可以是无条件的简单查询,也可以是有条件的查询,还可以根据需要,在查询中添加新字段,实现计算功能,即所谓的"计算字段"。在创建查询时,应从以下几方面着手:

①根据查询结果确定数据源是哪些表或查询。
②根据查询结果确定需要哪些字段。
③根据查询结果确定查询的准则。

1. 创建"学生证件"查询

以表 READERS 为数据源,创建一个"学生证件"查询,显示所有学生的姓名、证件、证件号码、有效期和最长借阅时间,查询结果如图 5-1 所示。

图 5-1 "学生证件"查询结果

(1)新建查询

打开图书馆数据库,选择"查询"对象,单击"新建"按钮,在弹出的"新建查询"对话框中,选择"设计视图"选项。

(2)添加数据源和字段

在"显示表"对话框中,双击数据表 READERS,并在 READERS 的字段列表中将 READER_NAME、IDCARD、NUM、PERIODOFVALIDITY 和 TIMELIMTED 依次添加到查询网格中。为使查询结果更直观,可以分别给字段赋以中文字段别名,格式如"姓名:READER_NAME",如图 5-2 所示。

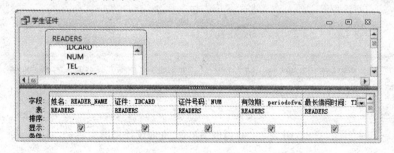

图 5-2 "学生证件"查询视图

(3)添加查询准则

由于要查询的是学生证件,因此可在 READER_KIND_NAME 字段中的"准则"栏中添加准则"学生",并将该字段的"显示"项设为无效。

(4) 保存并运行查询

单击工具栏上的"保存"按钮,将其以"学生证件"的名字保存。运行该查询,则可得到如图 5-1 所示的结果。

2. 创建"教师借书记录"查询

以 READERS、LOANBOOK 和 BOOKS 为数据源,创建一个"教师借书记录"查询,显示所有教师的借书记录,字段包括姓名、书名、单价、借阅时间和应还时间,查询结果如图 5-3 所示。

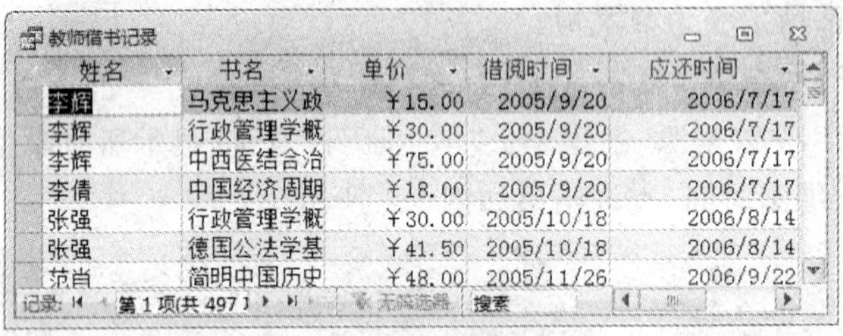

图 5-3 "教师借书记录"查询结果

(1) 新建查询,打开查询设计视图
(2) 添加数据源和字段

在"显示表"对话框中,双击数据表 READERS、LOANBOOK 和 BOOKS,并在不同数据表相应的字段列表中将 READER_NAME、READER_KIND_NAME、BOOK_NAME、PRICE、LOANTIME 和 SHOULD_BACK_TIME 依次添加到查询网格中。

(3) 添加查询准则

由于要查询的是教师借书记录,因此在 READER_KIND_NAME 字段中的"准则"栏中添加准则"教师",并将该字段的"显示"项设为无效,其查询设计视图如图 5-4 所示。

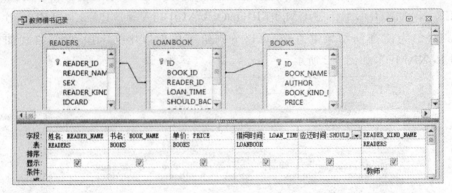

图 5-4 "教师借书记录"查询设计视图

(4) 保存并运行查询

单击工具栏上的"保存"按钮,将其以"教师借书记录"的名字保存,运行该查询,结果如图 5-3 所示。

3. 创建"图书库存"查询

以表 PUBLISH 和 BOOKS 为数据源,创建一个"图书库存"总计查询,统计各出版社的图书库存量和图书总额,显示字段包括出版社、库存量和图书总额,查询结果如图5-5所示。

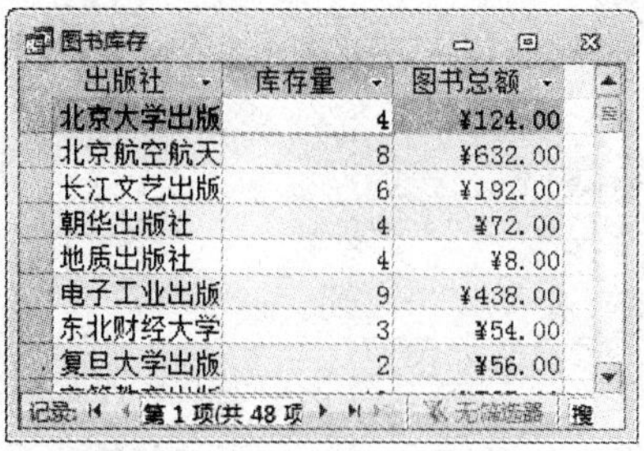

图 5-5 "图书库存"查询结果

(1)新建查询,打开查询设计视图
(2)添加数据源和字段

在"显示表"对话框中,双击数据表 PUBLISH 和 BOOKS,并在数据表相应的字段列表中将 PUBLISH_NAME、STOCK 添加到查询网格中。

(3)选择"总计"查询

单击工具栏上的"∑"按钮,或选择"视图"菜单上的"总计"项,将 PUBLISH_NAME 字段的"总计"栏选择作为分组字段(Group By),在 STOCK 字段的"总计"栏选择求和(Sum)。

(4)增加"图书总额"字段

在查询设计视图的网格中输入:图书总额:[PRICE]＊[STOCK],并在其"总计"栏中选择总计项,如图5-6所示。

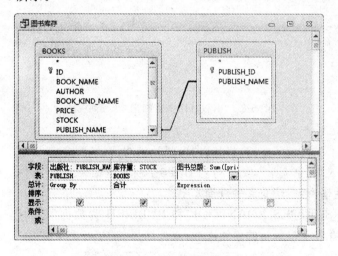

图 5-6 "图书库存"查询视图

(5)保存并运行查询

单击工具栏上的"保存"按钮,将其以"图书库存"的名字保存。运行该查询,则可得到如图5-5所示的结果。

4. 创建"出版社"参数查询

以 READERS、BOOKS、LOANBOOK 和 PUBLISH 为数据源,创建一个"出版社"的参

数查询,用户输入出版社名称后,可查询该出版社图书的借阅情况。例如,输入"北京大学",其查询结果如图5-7所示。

图5-7 "出版社图书借阅记录"查询结果

(1)新建查询,打开查询设计视图
(2)添加数据源和字段
在"显示表"对话框中,双击数据表 READERS、BOOKS、LOANBOOK 和 PUBLISH,并在相应的字段列表中将 READ_NAME、BOOK_NAME、LOAN_TIME、SHOULD_BACK_TIME 和 PUBLISH_NAME 添加到查询网格中。

(3)确定参数查询
在 PUBLISH_NAME 字段下方的查询准则中,设置一个参数名为"请输入出版社名称"的参数,在准则栏中,输入"[参数]+"出版社"",注意参数必须用"[]"括起来,如图5-8所示。

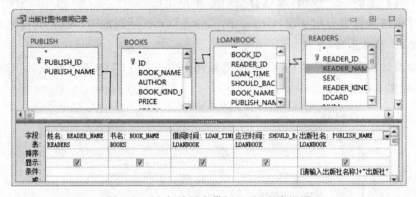

图5-8 "出版社图书借阅记录"查询视图

(4)保存并运行查询
单击工具栏上的"保存"按钮,将其以"出版社借阅记录"的名字保存。运行该查询,在弹出的对话框中输入"北京大学",则可得到如图5-7所示的结果。

5.创建"师生借阅统计"交叉表查询

以 READERS、BOOKS、LOANBOOK 和 PUBLISH 为数据源,创建一个交叉表查询,统计教师和学生在各个出版社的借阅次数,查询结果如图5-9所示。

图5-9 "师生借阅统计"交叉表查询结果

(1) 创建查询,打开查询设计视图

(2) 添加数据源和字段

在"显示表"对话框中,双击数据表 READERS、BOOKS、LOANBOOK 和 PUBLISH,并在相应的字段列表中将 PUBLISH_NAME、READER_KIND_NAME 和 BOOK_NAME 添加到查询网格中。

(3) 选择交叉表查询

打开"设计"菜单,选择其"交叉表"按钮,此时可以看到查询设计视图网格中增加了"交叉表"一栏。在 PUBLISH_NAME 字段的"交叉表"栏中选择"行标题"选项,在 READER_KIND_NAME 字段的"交叉表"栏中选择"列标题"选项,在 BOOK_NAME 字段的"交叉表"栏中选择"值"选项,并在其"总计"栏选择"计数"选项,如图 5-10 所示。

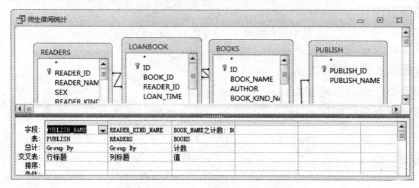

图 5-10 "师生借阅统计"查询视图

(4) 保存并运行查询

单击工具栏上的"保存"按钮,将其以"师生借阅统计"的名字保存;运行该查询,则可得到如图 5-9 所示的结果。

思考与练习

1. 创建查询,以表 BOOKKIND 为数据源,显示表中所有记录,并思考"*"的含义。

2. 创建查询,以表 READERS 为数据源,显示所有姓张的读者姓名和身份,可试着用更多的查询准则完成此操作。

3. 创建查询,显示 2005 年 9 月所有借阅图书的书名、单价、出版社名和记者姓名。

4. 创建查询,统计计算出库中每个出版社所出版的图书的均价,并以出版社和平均价格两列显示。

5. 查询并显示图书编号为 711116220 的图书的书名、作者、单价和库存量,要求图书编号以参数的方式提供。

6. 创建查询,当从键盘输入某读者的编号后,查询并显示该读者的借书记录,包括读者姓名、所借图书的书号、书名、借阅时间和应还时间。

7. 用选择查询统计出库中各出版社出版的各类图书总额。

8. 用生成表查询统计出库中各出版社出版的各类图书的总额,新生成的表名为"出版社图书总额",并与练习 7 比较二者之间的不同之处。

实训 6
操作查询的应用

实训目的

1. 掌握生成表查询的创建方法。
2. 掌握删除查询的创建方法。
3. 掌握追加查询的创建方法。
4. 掌握更新查询的创建方法。

实训要求

1. 熟悉图书管理系统图书馆数据库。
2. 进一步熟悉查询设计视图各部分的组成及作用。
3. 进一步熟悉查询准则的建立方法。
4. 了解各类操作查询的含义、注意事项及创建方法。

实训内容

利用提供的图书管理系统图书馆数据库中的数据表,完成以下操作:

1. 创建名为"类别库存统计"的生成表查询,以图书类型作分组统计,显示各类图书的书类名、库存量和图书总额,结果如图 6-1 所示。
2. 创建名为"旧书处理"的删除查询,删除 BOOKS 表中入库时间是 2010 年以前且单价低于 25 元的图书。
3. 创建名为"计算机类图书"的追加查询,将计算机类图书 BOOK_ID、BOOK_NAME、PRICE、PUBLISH_NAME 字段追加到数据表 JISUANJ 中,表中的记录如图 6-4 所示。
4. 创建名为"修改教师阅读期限"的更新查询,将教师的借阅最长期限增加 10 天。

实训过程

分析:创建操作查询和创建选择查询一样,首先应分析查询的数据源和查询的条件,另外可以从功能上分析查询的操作类型。由于操作查询是对数据表的操作,将改变表中的数据，且无法恢复，所以事先应做好数据备份的工作。

除了创建简单的选择查询和操作查询外，也可以创建一些综合型的查询，如创建带有参数的删除查询或更新查询等。

1. 创建“类别库存统计”生成表查询

以表 BOOKS 和表 BOOK_KIND 为数据源，创建一生成表查询“类别库存统计”，生成一新表，新表的名字为 BOOK_KIND_STOCK，包含书类、库存量和图书总额 3 个字段，查询结果如图 6-1 所示。

BOOK_KIND_STOCK

书类	库存量	图书总额
法律	17	¥466.70
管理	13	¥576.00
计算机	75	¥3,168.00
经济	34	¥1,309.00
历史	4	¥192.00
旅游地理	8	¥188.00
外语	17	¥704.20
文学	34	¥695.40
医学卫生	6	¥405.00
自然科学	20	¥547.00
综合	24	¥1,706.00

记录: 第 2 项(共 11 项 无筛选器

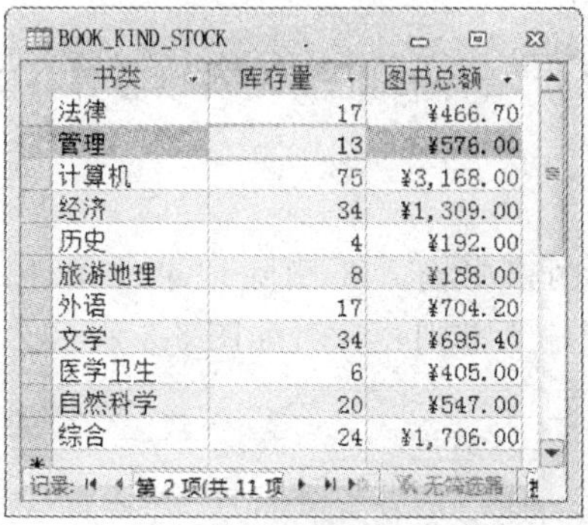

图 6-1 “类别库存统计”生成表查询结果

(1)创建查询，打开查询设计视图

(2)添加数据源和字段

在“显示表”对话框中，双击数据表 BOOKS 和 BOOK_KIND，并在数据表相应的字段列表中将 BOOK_KIND_NAME、STOCK 增加一个图书总额字段，其查询视图如图 6-2 所示。

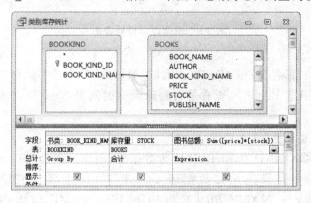

图 6-2 “类别库存统计”查询视图

(3) 选择生成表查询

打开“设计”菜单，选择其“生成表”命令按钮，并在弹出的“生成表”对话框中，输入生成新表的名字“BOOK_KIND_STOCK”，当前数据库有效。

(4) 保存并运行查询

单击工具栏上的“保存”按钮，将该项查询以“类别库存统计”的名字保存。运行该查询，确定向新表粘贴数据后，打开新表“BOOK_KIND_STOCK”，则可得到如图 6-1 所示的结果。

2. 创建"旧书处理"的删除查询

以表 BOOKS 为数据源,创建删除查询"旧书处理",将入库时间是 2010 年以前且单价低于 25 元的图书从 BOOKS 表中删除。

(1) 创建查询,打开查询设计视图

(2) 添加数据源和字段

在"显示表"对话框中,双击数据表 BOOKS,并在相应的字段列表中将 ENTER_TIME 和 PRICE 添加到查询设计视图网格中。

(3) 选择删除查询

打开"设计"菜单,选择"删除"命令按钮,此时可以看到查询设计视图网格中增加了"删除"栏。

(4) 添加查询准则

根据查询的要求,在查询网格中输入要删除记录的条件:Year([ENTER_TIME])<2010,在 PRICE 字段的条件栏输入准则:<25,如图 6-3 所示。

图 6-3　删除查询设计视图

(5) 保存并运行查询

单击工具栏上的"保存"按钮,将该项查询以"旧书处理"的名字保存。运行该查询,确定删除数据后,重新打开表 BOOKS,查看是否删除入库时间是 2010 年以前且单价低于 25 元的图书。

3. 创建"计算机类图书"追加查询

以 BOOKS、BOOKKIND 及 PUBLISH 为数据源,创建一个追加查询"计算机类图书",将所有计算机类图书目录追加到数据表 COMPUTER 中,COMPUTER 表包含字段 BOOK_KIND_ID、BOOK_NAME、PRICE 和 PUBLISH_NAME,COMPUTER 表中的记录如图 6-4 所示。

图 6-4　"计算机类图书"查询结果

(1) 设计新表 COMPUTER

在设计追加查询之前,如果要追加的目的表不存在,则需按要求设计出新表,其结构为

BOOK_KIND_ID(文本(9))、BOOK_NAME(文本(50))、BOOK_KIND_NAME(文本(5))、PRICE(货币)和PUBLISH_NAME(文本(20))。

(2)新建查询,打开查询设计视图

(3)添加数据源和字段

在"显示表"对话框中,双击数据表BOOK_KIND、BOOKS和PUBLISH,并在相应的字段列表中将BOOK_KIND_NAME、BOOK_ID、BOOK_NAME、PRICE和PUBLISH_NAME添加到查询设计视图网格中。

(4)选择追加查询

打开"查询"菜单,选择其"追加查询"命令,此时可以看到查询设计视图网格中增加了"追加到"栏。

(5)添加查询准则

根据查询的要求,在查询网格中输入要追加记录的条件,即在BOOK_KIND_NAME字段的条件栏输入:"计算机",如图6-5所示。

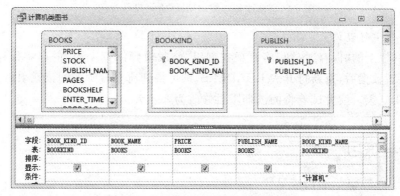

图6-5 "计算机类图书"追加查询视图

(6)保存并运行查询

单击工具栏上的"保存"按钮,将该项查询以"计算机类图书"的名字保存;运行该查询,确定追加数据后,打开表COMPUTER,则可得到如图6-4所示的结果。

4. 创建"修改教师阅读期限"查询

以表READERS为数据源,创建一个更新查询"修改教师阅读期限",将所有教师的借阅最长期限增加180天。

(1)复制表READERS的副本

由于更新查询在更新数据后,数据不能再还原,因此应做好数据的备份工作。即在数据库窗口选择"表"对象,单击READERS表,将其复制,以READERS_1的名字保存。

(2)新建查询,打开查询设计视图

(3)添加数据源和字段

在"显示表"对话框中,双击数据表READERS,并在相应的字段列表中将TIMELIMTED添加到查询设计视图网格中。

(4)选择更新查询

打开"设计"菜单,选择其"更新"命令按钮,此时可以看到查询设计视图网格中增加了"更新到"栏。

（5）添加查询准则

根据查询的要求，在查询设计网格的"更新到"栏输入更新表达式：[TIMELIMTED]+180，在查询设计网格的"条件"栏输入更新记录的准则：[READER_KIND_NAME]="教师"，如图6-6所示。

图6-6 "修改教师阅读期限"查询设计视图

（6）保存并运行查询

单击工具栏上的"保存"按钮，将该项查询以"修改教师阅读期限"的名字保存。运行该查询，确定更新数据后，重新打开表READERS，则可得到所有教师的阅读期限由原来的300天被修改为480天。读者试着将阅读期限再修改为365天。

思考与练习

1. 创建追加查询时，必须满足什么条件？
2. 在创建删除和更新查询时，应注意什么问题？
3. 创建一个包含总计查询和参数查询的生成表查询，例如，查询计算出某出版社的各类图书的库存量和图书总额，生成新表并以出版社名保存。
4. 试创建一个查询，需要对计算机类图书打八折处理，并显示图书的书号、书名、出版社名、原单价和折扣价，其中图书类型以参数的方式提供。
5. 向PUBLISH表中添加一条记录，其PUBLISH_ID为49，PUBLISH_NAME为希望出版社。
6. 向表LOSTBOOK中添加一条记录，其中BOOK_ID为750116517，LOST_TIME为系统当前时间，FEE字段为该书单价的2倍，所建查询名为"追加丢失书记录"。
7. 在READERS表中，将上题中丢失书的读者的DROPTAG更新为真值，查询名为"置丢失标志"。
8. 创建一个生成表查询，查询某个读者的借书记录，生成新表名为"***借书记录"，其中读者姓名可以参数方式提供，新表包括读者姓名、书名、借书时间和还书时间字段。

实训 7
窗体的简单应用

实训目的

1. 熟练掌握使用窗体向导创建窗体的方法。
2. 熟练掌握使用窗体设计器创建窗体的基本过程。
3. 掌握使用窗体的基本控件设计窗体的方法。

实训要求

1. 认真复习相关内容,掌握建立 Access 简单窗体设计的方法与操作步骤。
2. 开始实验之前,根据内容要求,绘好窗体草图,列出主要操作步骤。
3. 在操作过程中,注意屏幕提示信息,仔细阅读并思考,完成实验操作。

实训内容

1. 启动前面实验中建立的图书馆数据库,使用窗体向导创建纵栏式窗体,名称为"读者信息"。
2. 使用窗体设计器创建名称为"查阅图书信息"的表格式窗体。
3. 在设计视图中,使用窗体基本控件创建一个图书管理系统登录界面的窗体。

实训过程

1. 使用窗体向导创建窗体

以图书管理系统库中的 READERS 表为数据源,建立图 7-1 所示的窗体。

分析:窗体的创建有多种方法,用什么方法来创建窗体,要根据实验的要求,常用的有向导创建法和设计视图创建法。如果创建的是浏览类形式的窗体,一般都有明确的数据源(表或查询),可以先采用向导创建,然后再进一步修饰,如本例就是用向导自动生成窗体。

操作步骤如下:

(1)打开图书馆数据库

在图书馆数据库中,选择创建菜单。

(2)选择窗体中所需字段

点击"窗体向导",出现窗体向导,在该对话框中,从"表/查询"下拉列表框中选择窗体所需的数据源 READERS 表,然后选择需要用到的字段。

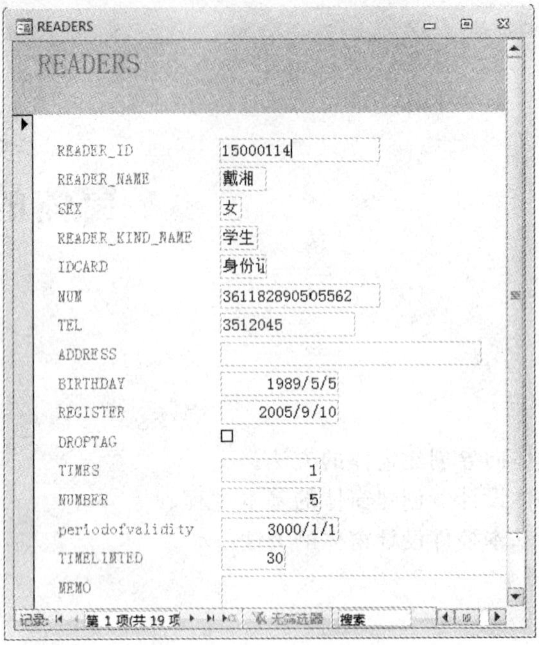

图 7-1 "读者信息"窗体

(3) 选择窗体布局

在窗体布局中,选择"纵栏表"项,创建纵栏式窗体。

(4) 指定窗体标题

在窗体指定标题的对话框中,为窗体输入一个标题或用它默认的标题,并选择是要打开窗体还是要修改窗体设计。

使用向导创建窗体结束,如果各控件布局不符合使用习惯,可以打开窗体的设计视图,调整各控件的位置。将各控件的标签适当修改,得到如图 7-1 所示的效果。

从第(2)~(4)步,每步都有"完成"按钮,用来完成窗体的创建,后面没有设置的相关信息取默认值。用户可以通过实验,比较与每步按"完成"按钮后创建的窗体的差异。

2. 用窗体设计器创建窗体

常常用窗体设计器创建具有个人特色的窗体,用窗体设计器创建如图 7-2 所示,在打印预览下看到的"查阅图书信息"窗体。

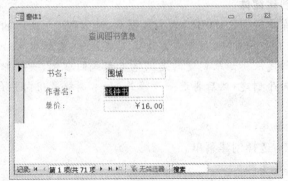

图 7-2 "查阅图书信息"窗体

分析： 窗体由窗体页眉、页面页眉、主体、页面页脚及窗体页脚五部分组成。在使用设计器创建窗体时，通常只显示主体节，用户在设计时，上面提到的窗体中所有的节显示在设计视图中。在设计过程中，要考虑到窗体的设计方法、数据来源、窗体的布局等问题；还要考虑在各节中放什么、怎么放等；最后考虑各个控件的属性等问题。

操作步骤如下：

(1) 在设计视图中显示各节

打开窗体的设计视图，在设计视图的空白窗体中，鼠标放在主体节中，单击鼠标右键，在弹出的快捷菜单中选择窗体页眉/页脚、页面页眉/页脚，使窗体中各节均显示出来（也可以从"视图"菜单中显示各节）。

(2) 在窗体页眉节中添加标题

在窗体页眉节中添加一个标签，标题为"查阅图书信息"，通过属性设置它的字体、大小等。

(3) 选择窗体中所需字段

打开窗体的属性，将其记录源设置为 BOOKS 表，从弹出的表 BOOKS 字段列表中选择所需要的字段，用鼠标拖到主体节中，然后把各字段的标签文本复制到窗体页眉节中。

(4) 调整各控件

调整各控件的位置，把各标题修改为中文，通过属性设置它们的字体、大小等，如图 7-3 所示。

图 7-3　编排字段标签

思考与练习

1. 窗体由哪几部分组成？各个部分的主要作用是什么？
2. 在设计视图中，页面页眉/页脚和窗体页眉/页脚怎样显示和关闭？
3. 在创建一个窗体过程中如何使用多个表或查询？

4. 怎样给一个窗体添加背景图片对象？说明操作的步骤。

5. 使用自动创建窗体方法，用图书馆数据库的已有表，创建包含图书编号、读者编号、借阅时间、书名的纵栏式窗体、表格式窗体和数据表窗体。

6. 自己设计并建立一个实用美观的图书管理系统登录界面。

7. 用窗体设计器创建窗体时，数据源中字段都放在页面页眉中，或都放在主体节中，其他节中不放数据源中信息，效果怎样？用实验来说明。

8. 简述窗体中控件的主要类型及其功能。

实训 8
窗体的高级应用

实训目的

1. 熟练掌握在窗体中创建命令按钮的方法。
2. 基本掌握在窗体中运用计算性表达式和宏。
3. 熟练掌握创建主/子窗体的基本过程与操作步骤。

实训要求

1. 了解常用控件的基本功能和用途,掌握在窗体中添加常用控件的方法。
2. 在开始实验之前,根据内容要求,列好提纲,绘好窗体草图,写出主要实验操作步骤。
3. 在操作过程中,注意屏幕提示信息,并仔细阅读思考。

实训内容

1. 打开图书馆数据库,利用"工具箱"中的控件创建一个包含多种控件的窗体。
2. 利用"工具箱"中的控件,创建主/子窗体。

实训过程

1. 在窗体中创建命令按钮、计算型控件等

在图书管理系统中建立一个窗体,如图 8-1 所示,窗体中有 2 个命令按钮:一个按钮的单击事件为打开 BOOKS 表的宏,另一个按钮的单击事件为关闭 BOOKS 表的宏;有 3 个文本框:第 1 个文本框用来输入一本书的单价,第 2 个文本框用来输入该书的册数,第 3 个文本框用来计算该书的总价。

分析:虽然本例看似简单,但用到的知识比较多:宏、命令按钮、表达式等。本例涉及宏的调用,因此要对宏有个初步的了解。从窗体图中,用户首先看有哪些控件,然后看各个控件要求实现的功能是什么,根据要求对各个控件进行设置,最后调整各个控件的位置和大小等。

操作步骤如下：

(1) 在空白窗体建立所要的控件

在图书馆数据库中新建一个空白窗体，建立2个命令按钮控件，4个文本控件。命令按钮标题分别命名为"打开"、"关闭"；文本框所对应的标签标题分别命名为"图书单价："、"册数："、"总价："，如图8-1所示。

图 8-1　窗体界面

(2) 新建2个宏

选中宏对象，单击"新建"按钮，打开"新建宏"的对话框，选择相应的操作"OpenTable"和表名称"BOOKS"，如图8-2所示。关闭宏，提示用户为宏命名，输入"打开BOOKS表"，用同样方法创建一个"关闭BOOKS表"宏。

图 8-2　新建宏窗口

(3) 为命令按钮建立单击事件

在创建的窗体设计视图中，为打开表命令按钮建立单击事件"打开BOOKS表"的宏，为关闭表命令按钮建立单击事件"关闭BOOKS表"的宏。

(4) 设计计算表达式

在"总价："所对应的文本框的控件来源属性中输入表达式"=val(text1) * val(text2)"，或直接在文本框中输入上述表达式。其中"图书单价："所对应的文本框名称为"text1"，"册数："所对应的文本框名称为"text2"。

在窗体视图中，打开或关闭BOOKS表，如用户输入书的单价和册数，单击总价所对应的文本框就可计算出书的单价和册数总价。

2. 创建主/子窗体

一个窗口中同时显示两个窗体——主/子窗体，包括两个以上的表或查询中的数据。下面用图书管理系统中的PUBLISH表为主窗体的数据源，BOOKS表为子窗体的数据源，建立如图8-3所示的窗体，说明主/子窗体创建的过程。

分析：前面学习了用不同的方法创建窗体，现在要在窗体中再创建窗体，即主/子窗体。

当主窗体中的信息变化时,子窗体中的信息通常也要跟着变化,因此主窗体中的数据源与子窗体中的数据源之间要建立关联关系;然后还要考虑主/子窗体中各个窗体的布局样式,主/子窗体间位置关系;最后考虑主/子窗体创建的方法:创建单个主窗体,在主窗体中再插入一个窗体,子窗体可以是一个建立好的窗体,也可以在插入过程中依据子窗体向导新建。

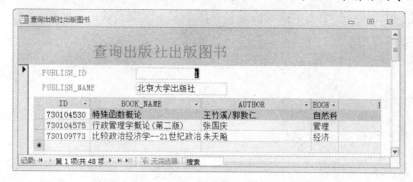

图 8-3　主/子窗体界面

操作步骤如下:

(1)建立主窗体

主窗体的建立可用建立窗体向导来建立。数据来源于 PUBLISH,它一般用纵栏式窗体的形式。如图 8-3 所示。

(2)创建子窗体

在窗体设计视图中,在主窗体主体节中,建立子窗体。

①选择子窗体位置。用鼠标单击工具箱中的子窗体/子报表控件,鼠标移动到主窗体主体节中的适当位置,单击鼠标并拖放适当大小,出现建立子窗体的向导。

②选择子窗体中字段。使用现有的表和查询,进行下一步操作。选择所用的表 BOOKS,并选择所需的字段。

③选择链接字段。选择主窗体链接到子窗体的字段。用户选择"从列表中选择"。根据向导给子窗体确定一个名称,然后单击"完成",完成创建子窗体的过程。

(3)美化窗体

在窗体页眉节中添加一个标签控件,标题为"查某出版社出哪种图书",再对它的位置、大小、颜色进行适当的设置,在窗体视图中就得到图 8-3 所示的样式。

本例中,也可先建好一个作为子窗体的窗体,然后将这个窗体用鼠标拖到主窗体的主体节中,形成主/子窗体。

思考与练习

1.窗体中的工具箱有何用处?

2.插入图片对象作为背景的步骤是什么?应注意的问题是什么?

3.如何在一个已建好的窗体上,添加一个窗体作为它的子窗体?

4.在主/子窗体中,在需要的时候能对子窗体单独进行编辑操作吗?能,请说明操作的步骤;不能,请说明原因。

5. 列表框与组合框的区别与联系是什么?

6. 举例说明,在什么情况下窗体中适合用文本框控件、组合框控件或列表框控件?

7. 主窗体与子窗体数据源通常是两个以上的表,在建立窗体时要对两个表进行怎样处理?

8. 创建一个窗体,一个文本框的值是另外两个文本框输入数据值的和。

实训 9 报表的设计

实训目的

1. 熟练掌握使用报表向导、报表设计器创建报表的方法。
2. 基本掌握使用报表的基本控件设计报表的操作过程。
3. 基本掌握创建子报表的基本过程与操作步骤。

实训要求

1. 认真复习教材中相关内容,掌握建立 Access 常用报表的方法与操作步骤。
2. 开始实验之前,根据实验内容要求,列好提纲,制作好报表草图,写出主要实验操作步骤。
3. 在操作过程中,注意屏幕提示信息,请仔细阅读思考,利用其帮助独立完成实验操作。

实训内容

1. 打开前面实训中建立的图书馆数据库,使用报表向导创建报表,并将其命名为"图书信息报表"。
2. 再用新建报表中的设计视图创建与上面同样的报表。
3. 在报表的设计视图中,使用"工具箱"控件来创建一个报表。
4. 在打开的图书馆数据库中,使用报表设计器创建主/子报表。

实训过程

1. 使用报表向导创建报表

在图书馆数据库中使用报表向导创建图书信息报表,如图 9-1 所示。

分析:创建报表有多种方法,根据实验的目的和要求,首先用户可用自己最熟悉的方法来创建,然后考虑报表数据源在哪里,确定报表最后显示的布局样式,最后创建报表。本任务要求用户用报表向导创建报表。

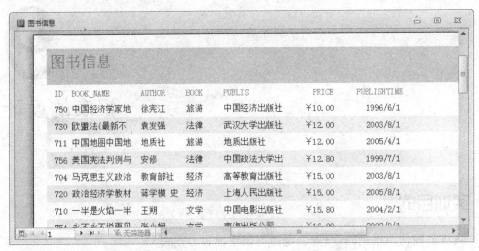

图 9-1　图书信息报表

具体操作步骤如下：
(1)打开创建报表对话框
打开图书馆数据库，选择报表对象，选择使用向导创建报表。
(2)选择数据源和报表中的字段
在报表向导中，选择所需要的表 BOOKS，在可用字段中选中所需的字段，单击">"，一个一个选择所需字段，如果单击">>"可一次性选择全部可用字段。
(3)确定报表分组字段
单击"完成"，一个简单的报表就建立成功了，单击"下一步(N)"，可选择报表分组。选择一个字段或几个字段来对报表中的信息进行分组。
(4)设置排序字段
在做实验时，可单击"完成"看看仅分组的效果，在此单击"下一步(N)"，对报表进行排序或汇总操作，如图 9-2 所示。

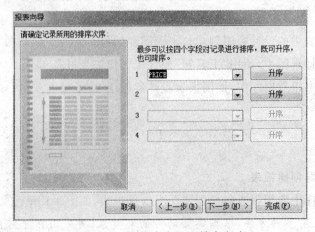

图 9-2　选择排序字段和排序方式

(5)选择报表布局和方向

对报表进行更详细的设置,选择报表的布局和排列方向,如图9-3所示。

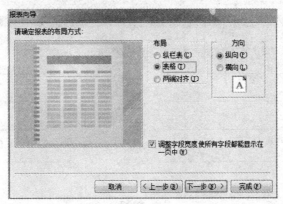

图 9-3 确定报表布局

(6)选择报表所用样式

选择报表所用样式为组织。为报表指定标题,一个较满意的报表就建立成功了,如图9-1所示。

2. 使用报表设计器创建报表

用报表设计器创建图9-4所示的报表。

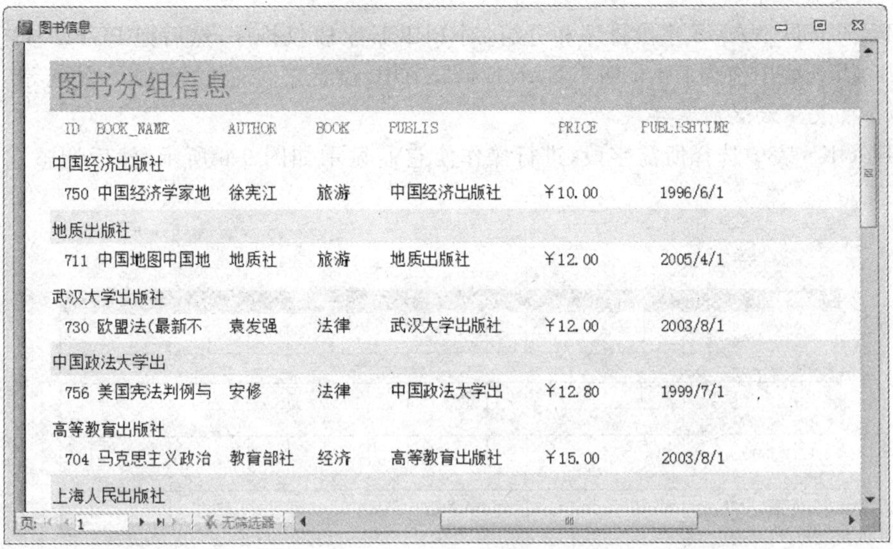

图 9-4 "图书分组信息"报表

操作步骤如下:

(1)打开"新建报表"对话框

打开图书管理系统,选择报表对象,单击"新建",打开"新建报表"对话框,选择设计视图,在数据来源表或查询中选择BOOKS表。

(2)显示报表5个主要节

在报表设计视图中,调出报表组成中的5个主要节,如果有的节没有出现,将鼠标放在

41

出现的节上单击右键,再单击没有出现的节,如图9-5所示。

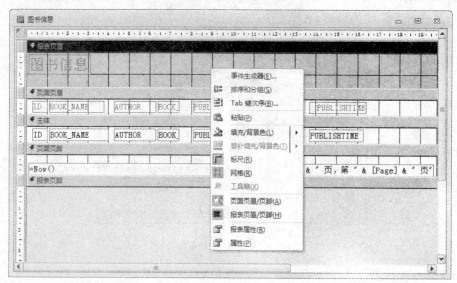

图9-5 调出报表中各节

(3) 添加标题标签

在报表页眉节中,添加一个标签,标题为"图书信息分组报表",在属性中对它进行设置,得到如图9-4所示的标题效果。

(4) 确定分组和排序

对 PUBLISH_NAME 字段排序和分组,对 PRICE 字段仅排序,然后把 PUBLISH_NAME 字段从 BOOKS 表中拖到 PUBLISH_NAME 页眉节中,设置它们的位置、大小、颜色等。

(5) 在报表中放置所需字段

从 BOOKS 表中选择所需字段,进行操作使它们显示如图9-6所示,然后调整它们的大小、位置等。

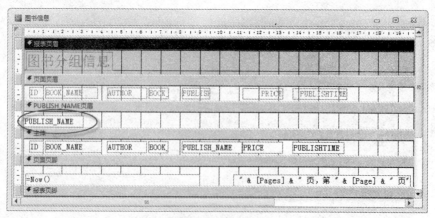

图9-6 分组和排序

(6) 统计报表打印时间

在页面页脚节中,插入一个文本控件,文本框里输入表达式"=Now()"。

上述步骤用户完成创建如图9-4所示的报表。但有些操作步骤是可以颠倒的,不一定要严格按照上述操作顺序,在实训中,去试一试。

3. 报表基本控件及其应用

报表控件的使用往往不是孤立的,通常都是在报表创建后,用报表控件来增强报表某方面的不足或用来美化报表。常用的控件有标签、文本框、直线、图象控件等。

将图 9-1 所示的报表通过增加控件,或修改控件属性对其进行修改,实现如图 9-7 所示的效果。

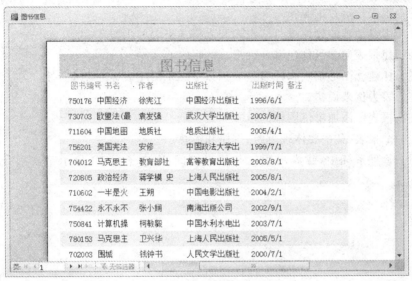

图 9-7 添加控件后的报表

操作步骤如下:

(1)调整报表页眉标签控件位置

将标题控件居中。用鼠标拖动标题控件,在报表页中间适当位置释放。通过打印预览视图观测是否居中,若没有居中,可继续进行调整。

(2)添加直线控件

在标题下添加一条直线控件。单击工具箱中直线控件,从报表页左边按住鼠标不放拖到报表页右边,对直线控件的属性进行设置。

(3)修改文本控件

在页面页眉节中,将每个文本控件修改成对应的汉字,例如,将 PUBLISH_NAME 修改成"出版社",如图 9-8 所示。

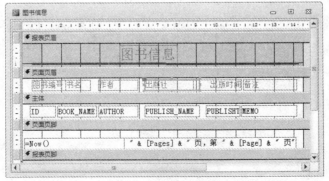

图 9-8 添加单价和控件

经过添加控件对 9-1 报表处理后,设计成图 9-7 所示的报表。

思考与练习

1. 创建报表的方式有哪些？
2. 如何为报表指定数据源？
3. 简述使用自动功能创建纵览式报表和表格式报表的步骤。
4. 利用创建报表向导可创建哪几种形式的报表？
5. 试述怎样建立图形报表和标签报表。以 PUBLISH 表建立相关的图形报表、BOOKS 表建立标签报表为例来说明。
6. 叙述在报表中添加单位图标的步骤。
7. 建立一个报表,其中要体现分组、排序和汇总。
8. 在图书管理系统中,建立出版社与读者之间的主/子报表,显示某出版社有哪些读者群。

实训 10
VBA 的编辑

实训目的

1. 熟悉 VBA 编程界面及其使用方法。
2. 掌握使用 VBA 语言编写程序的方法。
3. 掌握 VBA 程序的调试方法。

实训要求

1. 认真学习窗体部分的内容,对窗体中控件的属性有所了解。
2. 认真学习教材第 9 章程序设计,掌握程序编辑界面的简单功能。
3. 了解 VBA 中函数与子过程的一般格式。
4. 仔细观察程序中的错误提示,分析提示的颜色和错误的性质之间的关系。
5. 在调试程序时,观察各个窗口中数据的变化过程,思考这些数据结果产生的原因。

实训内容

1. 进入 VBE 程序设计窗口,熟悉窗口环境,并在 Access 的模块对象中建立一个新模块。
2. 通过判断读者借书是否超量的程序设计,掌握选择结构的程序设计方法,同时练习引用窗体上控件属性的方法。
3. 通过计算并显示 500 以内整数的和,练习循环结构的程序设计方法及结果的输出方法。
4. 通过输入圆的半径求圆的面积,熟悉符号常量的使用方法。
5. 通过输入若干个数字,按照从小到大的顺序依次输出,练习 3 种程序设计结构的综合应用。

实训过程

分析:Access 提供了 VBE(Visual Basic Editor)编辑环境用以编辑程序,可以在其中对标准模块或类模块进行设计。

程序的基本结构分为顺序结构、分支结构(或选择结构)和循环结构,重点加强分支结构和循环结构的练习。

本实验的主要操作过程如下:

1. VBE 编程环境

(1)创建一个标准模块,进入 VBE 编程环境

①打开图书馆数据库,选择"数据库工具"菜单。

②单击"Visual Basic"按钮,即可进入 VBE 编程环境,如图 10-1 所示。

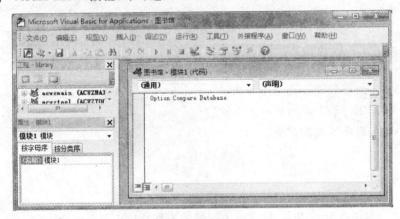

图 10-1　VBE 编程环境

(2)编辑类模块

在窗体设计视图中状态进入 VBE 编程环境,用来编辑其对应的类模块。

①打开图书馆数据库,选择"窗体"对象。

②单击"新建"按钮,在弹出的"新建窗体"对话框中选择"设计视图",单击"确定"按钮。

③在窗体设计视图的中选中一个对象,再单击鼠标右键,选择"属性"选项。

④在弹出的"属性"对话框中,单击"事件"选项卡。

⑤单击"单击"事件后的文本框,将会显示一个下拉列表和一个"…"按钮。

⑥在下拉列表中选择"(事件过程)",单击"…"按钮或者直接单击"…"按钮,在弹出的"选择生成器"对话框中选择"代码生成器",单击"确定"按钮,即可进入编辑对象所对应类模块的 VBE 窗口。

⑦也可在打开窗体设计视图时直接单击"工具栏"上的"代码"按钮,快速进入 VBE 编程环境。

2. VBA 程序控制结构

(1)分支结构

【例1】　编辑并运行一个判断读者借书是否超量的程序。

判断准则为:0 册到 5 册为不超量,6 册以上为超量。当输入小于 0 册时弹出错误提示信息。

分析:设计一个判断读者借书是否超量的窗体,如图 10-2 所示。窗体运行时,在文本框

中输入借书数,单击"确定"按钮后,将弹出对话框显示读者借书是否超量。

图 10-2 判断读者借书是否超量窗体

①打开图书馆数据库,新建一个窗体,切换至"设计视图"。

②在窗体中添加一个"标签"控件,设置其标题属性为"请输入借书册数:";再添加一个"文本框"控件,将"名称"属性设置为"册数";再添加一个"命令按钮"控件,将"名称"与"标题"属性均设置为"确定"。

③选定窗体对象,将其"标题"属性修改为"判断读者借书是否超量"。单击"工具栏"上的"保存"按钮保存该窗体,在"窗体名称"对话框内输入"判断读者借书是否超量"。

④选定"确定"命令按钮,在其"属性"对话框中单击"事件"选项卡,在"单击"事件后的列表中选择"(事件过程)",单击"…"按钮,打开 VBE 窗口。

⑤为"确定"按钮的"Click"事件编写代码,代码的内容如下所示:

```
Private Sub 确定_Click()
Dim Ceshu as integer
Ceshu = Me.册数
If Ceshu<0 then
    MsgBox "借书册数不能为负数!",vbExclamation,"错误"
    Exit Sub
End If
If Ceshu> = 0 and Ceshu < = 5 then
    MsgBox "没有超量,还可以再借书!"
Else
    MsgBox "超量,不可以再借书!"
End If
End Sub
```

⑥单击工具栏上的"保存"按钮。

⑦打开"判断读者借书是否超量"窗体,切换至"窗体视图"。在文本框中输入册数后,单击"确定"按钮,查看程序的运行结果。

(2)循环结构

【例 2】 编辑并运行一个显示从 1 加到 100 的结果的程序。

分析: 设计一个窗体,窗体上放置一个标题为"计算"的命令按钮。当窗体运行时,单击"计算"按钮,将弹出对话框,显示计算结果。

①打开图书馆数据库,新建一个窗体,切换至"设计视图"。

②在窗体中添加一个"命令按钮"控件,将其"标题"属性设置为"计算",将窗体的"标题"属性设置为"显示累加结果",保存该窗体对象为"显示累加结果"。

③选定"计算"命令按钮,在其"属性"对话框中单击"事件"选项卡,在"单击"事件后的列

表中选择"(事件过程)",单击"…"按钮,打开 VBE 窗口。

④为"计算"按钮的"Click"事件编写代码,代码的内容如下所示:

```
Private SubCommand0_Click()
    Dim Result As Long
    Result = 0
    For I = 1 to 100
        Result = Result + I
    Next I
    MsgBox "从 1 加到 100 的结果是:" &Str(Result),vbInformation,"计算结果"
End Sub
```

⑤单击工具栏上的"保存"按钮。

⑥将"显示累加结果"窗体切换至"窗体视图",运行该窗体。单击"计算"按钮,查看程序的运行结果。

思考:如何实现计算 $1+2+\cdots+N$,其中 N 由文本框输入。

(3) 函数和子过程

【例 3】 编辑一个函数实现输入圆的半径,输出圆的面积。

分析:设计一个窗体,上面放置两个文本框 BJ、MJ 和一个命令按钮,命令按钮的标题和名称都为"计算"。当程序运行时,在 BJ 文本框中输入圆的半径,单击命令按钮,计算出圆的面积,并将结果显示在文本框 MJ 中。

①打开图书馆数据库,新建一个窗体,切换至设计视图。

②在窗体中添加一个命令按钮,将其标题属性设置为"计算";添加两个文本框,并设置文本框的名称属性为 BJ、MJ。保存该窗体对象为"计算圆面积"。

③选定"计算"命令按钮,在其属性对话框中单击"事件"选项卡,在"单击"事件后的列表中选择"(事件过程)",单击"…"按钮,打开 VBE 窗口。

④编写计算面积函数。

```
Function MianJi(BanJing)
    Const Pi = 3.1415926
    MianJi = Pi * BanJing^2
End Function
```

⑤为"计算"按钮的"Click"事件编写代码,调用 MianJi 函数计算面积。代码的内容如下所示:

```
Private Sub 计算_Click()
    Dim si_bj,si_mj As Single
    si_bj = bj.value
    si_mj = MianJi(si_bj)
    mj.value = si_mj
End Sub
```

⑥运行程序,在 bj 文本框中输入半径值,单击命令按钮,查看程序的运行结果。

3. 综合应用

【例 4】 输入若干个数字,按照从小到大的顺序依次输出。

分析:本题可以分成 3 步解决,首先使用循环接受输入的若干个数字存放到数组中,然后将这些数字使用一定的算法排好序,最后将排好顺序的数字依次输出。

①打开图书馆数据库,新建一个窗体,切换至设计视图。

②在窗体中添加一个命令按钮,标题和名称都为"排序";切换到 VBE 界面,在按钮的单击事件中添加如下程序。

```
Private Sub 计算_Click()
'预先定义一个符号常量和必要的变量及数组
    Const N = 10
    Dim A(N) As Single,Temp As Single
    DimI As Integer,J As Integer ,Min As Integer
'输入这些数据到数组 A 中
    For I = 0 to N - 1
        A(I) = Val(InputBox("请输入第" &I &"个数字"))
    Next I
'在数组中把这些数字排序,使用的算法是:
    For I = 0 to N - 1
        Min = I
        For J = I to N - 1
            If A(J)<A(Min) Then
                Min = J
            End If
        Next J
        Temp = A(I)
        A(I) = A(Min)
        A(Min) = Temp
    Next I
'依次输出排好序的数字
    For I = 0 to N - 1
        MsgBox "第" &I &"个数字是:"& A(I))
    Next I
End Sub
```

思考与练习

1. 分别使用几种不同的方法打开 VBA 编程环境。
2. 分析选择结构和循环结构的特点。
3. 编写程序计算 10 以内整数的阶乘。
4. 编写程序计算 100 以内偶数的和。
5. 编写函数,实现求一元二次方程的根,方程为 $AX^2+BX+C=0$。
6. 输入若干个字符串,编程将这些字符串按从小到大的顺序打印出来。
7. 编写函数,实现判断一个输入的整数是否是素数。
8. 使用练习 7 中编写的函数,求 100 到 300 之间的素数。

实训 11
设计事件驱动程序

实训目的

1. 熟悉模块的编辑环境。
2. 掌握简单模块的编辑、调试、运行。
3. 理解模块与窗体中控件的事件关系。

实训要求

1. 理解事件驱动的含义和作用。
2. 熟悉 VBA 环境中的子过程和函数的格式以及变量的定义和使用。
3. 熟悉参数调用的两种格式,即传址调用和传值调用的区别与联系。

实训内容

1. 在窗体 Form 中添加两个文本框,标题为"计算"和"退出"。
2. 编辑计算和退出模块代码。
3. 设置事件驱动,将以上模块与窗体中控件联系起来。
4. 启动事件驱动,测试模块代码的运行结果。

实训过程

分析:模块是 Access 数据库窗口中一个重要的对象,也是一个难点,模块主要由函数和子过程构成的。本实验主要讨论模块与窗体中控件之间的关系,即窗体中的控件是通过执行模块代码来运行的,这就是所谓的"事件驱动机制"。通过实验,我们将发现模块的功能是非常强大的,窗体中任何控件都可以通过模块的事件代码来进行驱动。模块的作用远远超过宏命令的操作。

本实训的主要操作过程如下:

1. 添加控件

在窗体的设计视图中添加两个文本框 Text1 和 Text2，两个按钮控件的标题分别是"计算"和"退出"，如图 11-1 所示。

图 11-1　在窗体中添加控件

2. 控件的功能

在 Text1 中输入一个不超过 3 位的正整数，单击"计算"按钮，在 Text2 中显示该数的位数。单击"退出"按钮，退出 Access。

3. 编辑模块

模块的代码如下：

```
Private Sub 计算_Click()
    Dim data As Integer
    Dim n As Integer
    data = Val(text1.Value)
    If data>0 And data<1000 Then
        Select Case data
            Case 0 To 9
                n = 1
            Case 10 To 99
                n = 2
            Case 100 To 999
                n = 3
        End Select
        text2.Value = n
    Else
        text2.Value = "不是一个三位以内的正整数"
    End If
End Sub
Private Sub 退出_Click()
    Quit
End Sub
```

4. 建立事件与窗体控件的关系

在窗体的设计视图中，右键单击第一个标签，在弹出的快捷菜单中，选择"属性"，再单击

"事件"选项卡,在其中点击"单击"选项,如图11-2所示。

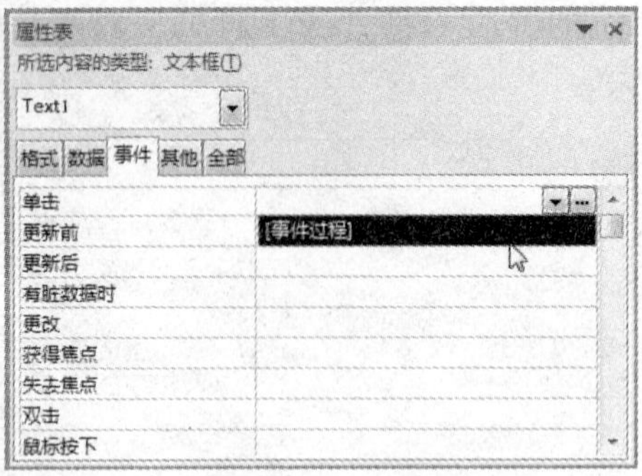

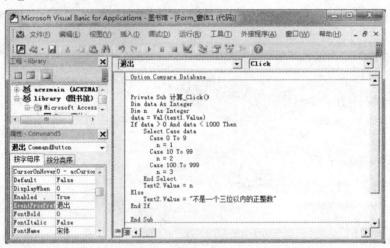

图 11-2　事件过程与 Text1 标签的关系

事件"计算_click"的代码,如图11-3所示。

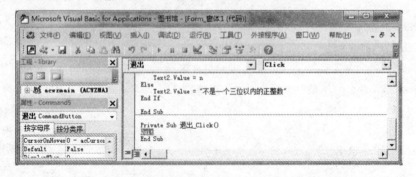

图 11-3　模块 1 中事件"计算_click"的代码窗口

第二个标签的操作与第一个标签的操作步骤相同,这里就省略事件与 Text2 标签的图示描述,仅给出了事件"退出_click"的代码窗口,如图11-4所示。

图 11-4　模块 2 中事件退出_click 的代码窗口

5. 启动事件驱动

保存窗体 Form 的设置,再打开窗体 Form,在正整数对应的文本框内输入 123,单击"计算"按钮,会看到如图 11-5 所示事件"计算_click()"驱动结果。

图 11-5　单击"计算"按钮事件计算_click 驱动的结果

若输入 1234,单击"计算"按钮,会看到如图 11-6 所示的结果。

图 11-6　单击"计算"按钮事件计算_click 驱动的结果

同样,当单击"退出"时,将会看到,Form 窗体就关闭了,同时也退出了 Access。

思考与练习

1. 理解事件驱动的实质与意义。
2. 结合本实训,总结编辑一般过程主要包括哪几个部分。
3. 模块的窗口主要有哪些?它们的功能是什么?
4. 将事件驱动的代码实现的功能与宏命令的功能进行比较。
5. 在模块中,可以引用宏命令吗?具体的格式是什么?
6. 本实训的操作代码可以用宏命令代替吗?
7. 将本实训的代码用函数子过程来实现。
8. 编辑一段 VBA 代码,用事件驱动方法实现求任意两个整数的积。

实训 12
VBA 数据库操作

实训目的

1. 了解在 VBA 程序中使用代码操作数据库的方法。
2. 掌握数据库操作工具 ADO 控件的使用。
3. 熟悉在 VBA 中使用 ADO 控件读取、添加、修改、删除数据表中数据的方法。

实训要求

1. 本实训需要操作图书馆数据库中的表,在实训前确保计算机中有图书馆数据库。
2. 在图书馆数据库中的各个表中需要有一定的数据。
3. 确认计算机中已经安装 ADO 控件。

实训内容

1. 通过调整库存实训,练习遍历数据表中数据的方法及其在程序中使用 UPDATE 的方法。
2. 通过删除所有读者实训,熟悉数据库中记录遍历完成的标志,即记录集的 EOF 方法,以及记录移动的方法。
3. 通过向读者数据库增加记录,熟悉 AddNew 方法。
4. 本次实训总的内容是熟悉连接数据库的方法,在数据库中遍历、增加、删除、修改数据。

实训过程

分析：ActiveX 数据对象(ADO)是基于组件的数据库编程接口。在 Access 模块设计时想要访问数据对象,首先应增加一个对 ADO 库的引用,然后创建对象变量,再通过对象的方法和属性对数据库进行操作。

本实训的主要操作过程如下:

1. 修改数据

设计"调整图书库存"窗体,如图 12-1 所示。当窗体运行时单击"增加库存"命令按钮时,将对表 BOOKS 中 STOCK 字段的值均加上 1。试编写此过程,要求使用 ADO 对象访问图书馆数据库。

图 12-1 "调整图书库存"窗体

(1)引用 ADO 库

①选定"增加库存"按钮,打开其"属性"对话框,单击"事件"选项卡,在"单击"事件后的下拉列表中选择"(事件过程)"。单击"…"按钮,进入 VBA 编程环境——VBE。

②打开"工具"菜单并单击"引用"菜单项,弹出"引用"对话框。

③从"可使用的引用"列表框选项中选中"Microsoft ActiveX Data Object 2.1 图书馆",单击"确定"按钮。

(2)编写过程

①在对应的代码窗口中编写如下代码:

```
'创建或定义对象变量
Dim cn As New ADODB.Connection            '连接对象
Dim rs As New ADODB.Recordset             '记录集对象
Dim fd As ADODB.Field                     '字段对象
Dim StrConnect As String                  '定义连接字符串变量
Dim StrSQL As String                      '定义查询字符串变量
'使用对象变量访问数据库
StrConnect = "C:\图书馆.mdb"              '设置连接数据库
cn.Provider = "Microsoft.Jet.OLEDB.4.0"   '设置数据提供者
cn.Open StrConnect                        '打开与数据源的连接
StrSQL = "Select STOCK from BOOKS"        '设置查询表
rs.Open StrSQL, cn, adOpenDynamic, adLockOptimistic, adCmdText   '记录集
Set fd = rs.Fields("STOCK")               '设置"STOCK"字段引用
'用循环结构对记录集进行遍历
Do While Not rs.EOF
    fd = fd + 1                           '"STOCK"字段的值加上 1
    rs.Update                             '更新记录集,保存结果
    rs.MoveNext                           '记录指针移动到下一条
Loop
```

´关闭并回收对象变量
```
rs.Close
cn.Close
Set rs = Nothing
Set cn = Nothing
```
②单击"保存"按钮,保存该过程。

③打开表 BOOKS,并将"调整图书库存"窗体切换至"窗体视图",运行该窗体。单击"增加库存"按钮,查看表 BOOKS 中 STOCK 字段的变化情况。

2. 删除数据

设计"删除所有读者"窗体,如图 12-2 所示,要求实现当点击"删除所有读者"命令按钮后将所有记录删除。

图 12-2 "删除所有读者"窗体

```
´第一步,定义相关变量
Dim CurConn as new ADODB.connection
Dim rst as new ADODB.Recordset
´第二步,设置连接
set curconn = new adodb.connection
curconn.provider = "Microsoft.jet.oledb.4.0"
curconn.conectionstring = "data source = " & currentdb.name
curconn.open
´第三步,让记录集从连接获取数据
set rst = new adodb.recordset
rst.open "READERS", curconn, , ,adcmdtable
rst.Movefirst
do while not rst.eof
rst.delete
rst.movenext
loop
rst.close
´第四步,保存数据
rst.update
rst.close
```

3. 增加数据记录

设计"添加读者信息"窗体,要求实现当点击"添加"按钮后将下表所示的数据加入到图书馆数据库的表 READERS 中。

表 12-1 表 READERS

READER_ID	352124800105781	NUM	352124800105781
READER_NAME	亚冬	TEL	3511234
SEX	男	ADDRESS	
READER_KIND_NAME	教师	BIRTHDAY	1980.1.5
IDCARD	身份证	REGISTER	2001.12.30

```
'第一步,定义相关变量
Dim CurConn as new ADODB.Connection
Dim rst as new ADODB.Recordset
'第二步,设置连接
set curconn = new adodb.connection
curconn.provider = "Microsoft.jet.oledb.4.0"
curconn.conectionstring = "data source = " & currentdb.name
curconn.open
'第三步,让记录集从连接获取数据
set rst = new adodb.recordset
rst.open "READERS",curconn, , ,adcmdtable
'第四步,在数据集中增加一行空白记录
rst.addnew
'第五步,输入数据
rst.Fields("READER_ID") = "352124800105781"
rst.Fields("READER_NAME") = "亚冬"
rst.Fields("SEX") = "男"
rst.Fields("READER_KIND_NAME") = "教师"
rst.Fields("IDCARD") = "身份证"
rst.Fields("NUM") = "352124800105781"
rst.Fields("TEL") = "13955005678"
rst.Fields("ADDRESS") = ""
rst.Fields("BIRTHDAY") = #1980.1.5#
rst.Fields("REGISTER") = #2001.12.30#
'第六步,保存数据
rst.update
rst.close
```

思考与练习

1. 编写一个通过 ADO 访问图书馆数据库的子过程。

2. ADO 中的 Recordset 对象和数据库中的"表"的含义是否一致？ADO 中的 Field 对象和数据库中的"字段"的含义是否一致？

3. 使用 ADO 将表 READERS 的"备注"字段修改成文本型，长度为 255。

4. 编程实现将表 READERS 中读者编号字段尾数为偶数的教师读者的"可借数量"增加 2 本。

5. 编程实现创建一个"职工"表，字段分别为：职工编号，字符型(4)；姓名，字符型(3)；参加工作时间，日期型；年龄，整型。

6. 在 ADO 提取的数据能否通过编写 VBA 程序输出到 Excel 中。

7. 先建立一个查询，查询出每个读者的借书信息，然后编写 VBA 程序调用这个查询。

8. 先建立一个删除 READERS 表中所有数据的删除查询，然后在 VBA 程序中调用此查询。

实训 13
设计简单的图书管理系统

实训目的

1. 使学生全面理解和运用 Access 数据库对象。
2. 能够系统地进行表、表的关系、查询、窗体的设计。
3. 能够设计出较简单的图书管理系统。

实训要求

1. 熟悉图书管理系统的主要功能。
2. 该系统可以实现图书的登记、借阅和赔偿的基本管理。
3. 该系统可以实现对图书资料的各种信息的查询,包括逐条记录浏览和对图书信息的增加、删除和编辑操作。
4. 该系统也可以根据输入的信息来检索某个图书的信息。

实训内容

1. 以本校的图书管理系统为例,整理出其主要功能。
2. 依据图书管理系统的功能设计基本表。
3. 创建基本表的关系和查询。
4. 设计主要窗体和子窗体。
5. 设计系统界面。

实训过程

分析:表是 Access 数据库窗口中一个最基本的对象,设计表及表的关系是实现一个系统设计的最基础也是最重要的工作,根据表可以创建查询,由表和查询可以创建主窗体和子窗体。本实验主要讨论数据库系统的设计方法以及具体的实现。在 Access 中,进行一般中小型的数据库管理系统设计,其操作是比较简便的,功能实现也是比较容易的。

本实训的主要操作过程如下:

1. 系统功能模块

根据本系统的设计要求,规划出本系统的实体,具体包括图书登记实体、图书借阅实体、图书赔偿实体、图书查询输出实体。下面给出本系统的功能模块,如图 13-1 所示。

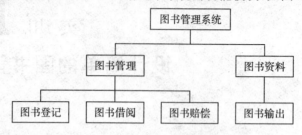

图 13-1 图书管理系统的功能模块图

2. 主要实体的结构

请参阅实验 2 给出的各数据表的结构。

3. 各实体的关系

实体的关系图,如图 13-2 所示。

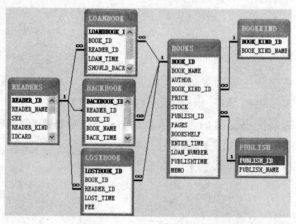

图 13-2 实体的关系图

4. 创建查询

在 Access 中创建查询有两种方法,即设计视图方法和向导方法。

这里给出了利用设计视图方法创建图书输出的查询结果,如图 13-3 所示。

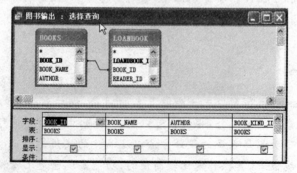

图 13-3 创建图书输出查询实体

5. 创建窗体

(1) 设计主窗体

窗体的设计非常重要,它直接体现了本系统的功能。设计方法为:

① 首先设计出图书管理系统的主窗体,在主窗体中添加一个选项卡控件。

② 设置这个选项卡控件 4 个标签的标题分别为"图书登记"、"图书借阅"、"图书赔偿"和"图书信息输出",如图 13-4 所示。

图 13-4 主窗体图书管理系统

(2) 设计子窗体

分别创建图书登记、图书借阅、图书赔偿和图书信息输出子窗体。

① 在图书登记子窗体中放置文本框等控件,在各控件的相应事件中输入功能代码,使之能够登记图书信息,如图 13-5 所示,然后将其拖到主窗体中相应的选项卡中。

图 13-5 图书登记

② 使用相同的方法,在其他子窗体中设置适当的控件,并且在控件的各事件中写上功能代码,使之具有相应的功能。

(3) 窗体的显示

在设计过程中,为了使窗体美观、漂亮,可以在窗体的设计视图中对其窗体属性进行设置,如图 13-6 所示。

图 13-6 窗体的属性设置

思考与练习

1. 理解表的设计在系统中的重要性。
2. 理解表的关系、主键的含义。依据主键怎样创建表的关系?
3. 在系统设计中,查询的创建有何重要性?
4. 主窗体和子窗体之间的联系与区别是什么?
5. 创建一个主窗体和 3 个子窗体,并将子窗体作为主窗体的菜单项。
6. 在窗体的设计视图中,将主窗体界面进行美化设计。
7. 参考资料,使用模块设计本系统界面。
8. 比较使用模块设计系统界面和利用窗体设计系统界面各自的优点。

第2部分
考试指导

练习题 1

一、选择题

1. 下列不属于数据模型的是_____。
   A. 概念模型　　　　B. 层次模型　　　　C. 网状模型　　　　D. 关系模型
2. 数据库管理系统属于_____。
   A. 应用软件　　　　B. 系统软件　　　　C. 操作系统　　　　D. 编译软件
3. 在关系中选择某些元组组成新的关系操作是_____。
   A. 选择运算　　　　B. 投影运算　　　　C. 等值运算　　　　D. 自然运算
4. 下列不属于专门的关系运算的是_____。
   A. 选择　　　　　　B. 投影　　　　　　C. 联接　　　　　　D. 广义笛卡尔积
5. 用树形结构来表示实体以及实体之间的联系的数据模型称为_____。
   A. 层次数据模型　　B. 网状数据模型　　C. 关系数据模型　　D. 概念数据模型
6. 数据处理的核心问题是_____。
   A. 数据检索　　　　B. 数据管理　　　　C. 数据分类　　　　D. 数据维护
7. 数据库的并发控制、完整性检查等是对数据库的_____。
   A. 设计　　　　　　B. 应用　　　　　　C. 操纵　　　　　　D. 保护
8. 在关系数据模型中,域是指_____。
   A. 字段　　　　　　B. 记录　　　　　　C. 属性　　　　　　D. 属性的取值范围
9. 从关系模式中,指定若干属性组成新的关系称为_____。
   A. 选择　　　　　　B. 投影　　　　　　C. 连接　　　　　　D. 自然选择
10. 数据管理技术的发展阶段不包括_____。
    A. 操作系统管理阶段　　　　　　　　B. 人工管理阶段
    C. 文件系统管理阶段　　　　　　　　D. 数据库管理阶段

二、填空题

1. 数据处理是将_____转换成_____的过程。
2. _____是数据库系统的核心和基础。
3. 数据库系统的主要特征是_____。
4. 数据模型有_____、_____和_____等3种类型。
5. 关系的完整性约束条件包括_____、_____、_____与_____。
6. 关系中的属性对应二维表的_____。

7. 关系模型中数据的逻辑结构就是一张二维表,表中的列称为_____,表中的行称为_____。

8. 数据库中专门的关系操作有_____、_____和_____等3种。

9. 一般地,数据库管理系统都可以提供_____语言,用于描述数据库的结构。

10. _____是数据库系统处理的对象,是描述事物的符号记录。

三、简答题

1. 简述数据库技术的发展历程。
2. 什么是数据、数据库、数据库管理系统、数据库系统?
3. 简述数据模型的组成要素及功能。
4. 根据你自己的理解,说一说 SQL 的功能及其应用。
5. 简述数据库管理系统应具有的功能。
6. 根据你自己的生活经验,举 2 至 3 个关系(二维表)的例子并思考为什么一个数据库可能包含若干个关系。

练习题 2

一、选择题

1. 不能退出 Access 的操作方法是_____。
   A. Alt+F4　　　　　　　　　　　B. 双击标题栏控制按钮
   C. "文件"—>"关闭"　　　　　　D. 单击 Access 关闭按钮

2. Access 表之间的联系中没有_____。
   A. 一对一　　　B. 一对多　　　C. 多对多　　　D. 多对一

3. 用二维表来表示实体及实体之间联系的数据模型是_____。
   A. 实体—联系模型　B. 层次模型　　C. 网状模型　　D. 关系模型

4. 数据库(DB)、数据库系统(DBS)与数据库管理系统 DBMS 之间的关系是_____。
   A. DBS 包括 DB 和 DBMS　　　　B. DBMS 包括 DB 和 DBS
   C. DB 包括 DBS 和 DBM　　　　 D. DBS 就是 DB,也就是 DBMS

5. 关系型数据库管理系统中所谓的"关系"是指_____。
   A. 各条记录中的数据彼此有一定的关系
   B. 一个数据库文件与另一个数据库文件之间有一定的关系
   C. 数据模型符合满足一定条件的二维表
   D. 数据库中各字段之间彼此有一定的关系

6. 传统的集合运算不包括_____。
   A. 并　　　　　B. 差　　　　　C. 交　　　　　D. 乘

7. 关系数据库的任何检索操作都是由 3 种基本运算组合而成的,这 3 种基本运算不包括_____。
   A. 连接　　　　B. 关系　　　　C. 选择　　　　D. 投影

8. 在数据库中能够唯一地标识一个元组的属性的组合称为_____。
   A. 记录　　　　B. 字段　　　　C. 域　　　　　D. 关键字

9. 为了合理组织数据,应遵从的设计原则是_____。
   A. "一事一地"原则,即一个表描述一个实体或实体间的一种联系
   B. 表中的字段必须是原始数据和基本数据元素,并避免在表之间出现重复字段
   C. 用外部关键字保证有关联的表之间的联系
   D. 以上各条原则都是

10. 数据库设计过程中,需求分析包括_____。
   A. 信息需求   B. 处理需求
   C. 安全性和完整性需求   D. 以上全包括

二、填空题

1. Access 是_____软件中的一个重要的组成部分。

2. Access 是一个_____模型的可视化数据库管理系统。

3. Access 中的数据对象有_____、_____、_____、_____、_____、_____ 和_____。

4. 数据库的核心操作是_____。

5. Access 数据库文件的扩展名是_____。

6. Access 中的开发工具是_____。

7. 存储在计算机存储设备中的结构化的相关数据的集合是_____。

8. Access 的数据库类型是_____。

9. Access 中可以通过_____键获得帮助。

10. 主键的作用是_____。

三、简答题

1. 说明 Access 数据库中 7 个对象的主要用途。

2. 请列出启动与和退出 Access 的主要方法。

3. 简要说明 Access 窗口组成及部分的功能。

四、操作题

1. 检查你的计算机上是否已经安装了 Access。如果没有,请安装之。

2. 建立一个"图书馆"数据库,存储在 C 盘根文件夹下。

练习题 3

一、单选题

1. 如果一张数据表中含有照片,那么"照片"这一字段的数据类型通常是_____。
   A. 文本　　　　　B. 备注　　　　　C. 超链接　　　　D. OLE 对象
2. 在 Access 中,"文本"类型数据的字段最多可以存放_____个汉字。
   A. 64　　　　　　B. 128　　　　　C. 255　　　　　D. 256
3. Access 字段名不能包含的字符是_____。
   A. ˋ　　　　　　B. !　　　　　　C. *　　　　　　D. %
4. 自动编号数据类型一旦被指定,就会永久地与_____连接。
   A. 数据表　　　　B. 域　　　　　　C. 字段　　　　　D. 记录
5. 不属于编辑数据表中内容的主要操作是_____。
   A. 添加字段　　　　　　　　　　　B. 定位记录
   C. 选择记录　　　　　　　　　　　D. 复制字段中的数据
6. 若使打开的数据库文件能为网上其他用户共享,但只能浏览数据,要选择打开数据库文件的方式是_____。
   A. 以独占方式打开　　　　　　　　B. 以只读方式打开
   C. 以独占只读方式打开　　　　　　D. 以只读独占方式打开
7. 在备注型字段中,搜索文本的速度与在文本字段中搜索文本的速度相比_____。
   A. 要慢　　　　　B. 要快　　　　　C. 一样　　　　　D. 无发确定
8. 关闭 Access 系统的方法是_____。
   A. 执行"文件"菜单中的"退出"命令　　B. 单击 Access 右上角的"关闭"按扭
   C. 使用 Alt＋F4 或 Alt＋f＋x 组合键　　D. 以上操作都可以
9. 在数据类型中,单精度数字类型的字段长度为_____。
   A. 1 个字节　　　B. 2 个字节　　　C. 3 个字节　　　D. 4 个字节
10. 编辑数据表中内容时定位记录的方法有_____。
    A. 用鼠标定位　　B. 用快捷键定位　C. 用记录号定位　D. 以上都是
11. "日期/时间"数据类型需要_____个字节的存储空间。
    A. 4　　　　　　B. 8　　　　　　C. 64　　　　　　D. 256
12. 必须输入字母或数字的输入掩码是_____。
    A. A　　　　　　B. &　　　　　　C. #　　　　　　D. ?

13. 下列关于货币数据类型的叙述中,错误的是_____。
    A. 字段长度是 8 个字节
    B. 可以和数值型数据混合计算,结果为货币类型
    C. 向货币字段输入数据时,系统自动将设置为 4 位小数
    D. 向货币字段输入数据时,不必键入货币符号和千位分隔符
14. 文本字符串"12"、"6"、"5"按升序排列,排序的结果是_____。
    A. "12"、"6"、"5"   B. "12"、"5"、"6"
    C. "5"、"6"、"12"   D. "5"、"12"、"6"
15. 在 Access 的数据表中,常用一个字段来唯一标志该记录,通常将这样的字段称之为_____。
    A. 索引   B. 主键   C. 主字段   D. 主索引
16. 工具栏中的↓按钮用于_____。
    A. 降序排列   B. 查找内容   C. 升序排列   D. 替换内容
17. 下列 Access 字段名的叙述中,错误的是_____。
    A. 字段名不能出现重复
    B. 字段名长度为 1～255 个字符
    C. 字段名可以包含字母、汉字、数字、空格、其他符号等
    D. 字段名不能包含句号(.)、惊叹号(!)、方括号([ ])
18. 下列关于空值 NULL 的叙述中,错误的是_____。
    A. 空值是默认值
    B. 空值的长度为零
    C. 尚未存储数据的字段值
    D. 查找空值的方法与查找空字符串相似
19. "真/假"数据属于_____。
    A. 文本型数据 B. 数字型数据 C. 备注型数据   D. 是否型数据
20. 在 Access 中,要设置当前数据表的背景颜色,应使用_____菜单中的"数据表"命令。
    A. 格式   B. 记录   C. 编辑   D. 视图

二、填空题

1. 字段输入掩码是为字段输入数据时设置的某种特定的_____。
2. 两个数据表可以通过表之间的_____建立联系。
3. 参照完整性是一个准则系统,使用这个系统来确保相关表中记录之间_____的有效性,并且不会因意外而删除或更改相关数据。
4. "数据表视图"是按_____显示数据表中数据的视图。
5. 当两个数据表建立了关联后,通过_____字段就有了父表、子表之分。
6. 字段有效性规则为输入数据时所设置的_____。
7. Access 提供了两种字段数据类型保存文本和数字组合的数据,这两种数据类型是:_____和_____。

8. OLE 对象数据类型字段通过_____方式接收数据。

9. 如果某一字段没有设置显示标题,Access 系统就默认_____为字段的显示标题。

10. 每一个数据表都应该包含一个_____的信息。

三、设计题

1. 建立数据库"LIB",并在库中创建 BOOKS 表,要求如下:

(1) BOOKS 数据表中字段如下表所示。

字段名称	数据类型	字段属性	说　明
BOOK_ID	文本	字段大小:9	编号(设为主键)
BOOK_NAME	文本	字段大小:50	书名
AUTHOR	文本	字段大小:50	作者
BOOK_KIND_ID	文本	字段大小:2	类型
PRICE	货币	字段大小:货币	价格
STOCK	数字	字段大小:整型	库存量
PUBLISH_ID	文本	字段大小:2	出版社名称
PAGES	数字	字段大小:整型	页码
BOOKSHELF	文本	字段大小:4	书架名称
ENTER_TIME	日期/时间	短日期	入库时间
LOAN_NUMBER	数字	字段大小:整型	借阅次数
PUBLISHTIME	日期/时间	短日期	出版日期
MEMO	备注	(默认)	备注

(2) 设置 BOOK_ID 字段为表的关键字(主键)。

2. 按下面要求修改 BOOKS 表的结构:

(1) 检查表中字段名是否正确,如有错误请纠正,如:缺少字段请添加、字段多了请删除。

(2) 修改字段的大小:BOOK_NAME 字段改为 30;AUTHOR 字段改为 20。

(3) 改变某两字段之间的位置关系。

3. 将下表所示的数据输入到 BOOKS 表中。

BOOK_ID	BOOK_NAME	AUTHOR	BOOK_KIND_ID	PRICE	STOCK	PUBLISH_ID
702003246	围城	钱钟书	5	¥16.00	5	21
753542730	狼图腾	姜戎	5	¥32.00	6	3
754331803	MRI 基础	尹建忠	13	¥60.00	3	28

PAGES	BOOKSHELF	ENTER_TIME	LOAN_NUMBER	PUBLISHTIME	MEMO
300	文学书架	2000.7.1	2	2000.7.1	
200	文学书架	2004.4.1	0	2004.4.1	
100	科技书架	2004.10.1	0	2004.10.1	

4.按下面要求设置 BOOKS 表中相关字段的属性：

(1)将 BOOK_ID 字段的"输入掩码"设为"000000000"，并分析其他字段是否可设置合理的"输入掩码"；

(2)按顺序将各字段的"标题"属性分别设置为编号、书名、作者、类型、价格、库存量、出版社名称、页码、书架名称、入库时间、借阅次数、出版日期和备注，并切换至"数据表视图"，观察显示方式的变化；

(3)将 ENTER_TIME 字段的"默认值"属性设置为当前日期(date())；

(4)假设图书价格都在 200 元之内，请在 PRICE 字段的"有效性规则"属性中输入">=0 and <=200"，并在"有效性文本"属性中输入"图书价格只能在 200 元之内！"。分析该设置的作用，并验证；

(5)设置该数据表的显示格式，主要项目在"格式"菜单中。

5.打开随书附带的"图书馆.mdb"数据库，完成以下操作：

(1)分析库中各数据表的主题及作用；

(2)建立数据表之间的关联关系；

(3)分别就数据表中不同数据类型的字段进行排序操作，并根据排序规则进行分析；

(4)对数据表中数据进行筛选操作，分别按"按选定内容筛选"、"按窗体筛选"、"输入筛选目标"和"高级筛选/排序"等方法。

6.试着将一个规范的.xls 文件中的数据导入到数据库中，并分析这种方法的作用。

7.试着将数据库中的一个数据表导出到文本文档(.txt)或 Excel 文件中，并分析这种方法的作用。

练习题 4

一、选择题

1. 创建"追加查询"的数据来源是_____。
   A. 一个表　　　　B. 表或查询　　　C. 多个表　　　D. 两个表
2. _____不是创建查询应该考虑的。
   A. 选择查询所需的字段　　　　　　B. 筛选的方法
   C. 确定查询的条件　　　　　　　　D. 设置查询结果的输出方式
3. 查询向导不能创建_____。
   A. 选择查询　　　B. 交叉表查询　　C. 不重复项查询　D. 参数查询
4. 在 Access 表达式生成器中,下列表达式合法的是_____。
   A. 1000＞＝基本工资＞＝500
   B. 500＞＝基本工资＞＝1000
   C. 基本工资＞＝500 基本工资＜＝1000
   D. 基本工资＞＝500 AND 基本工资＜＝1000
5. 下列关于查询的说法中,_____是错误的。
   A. 在同一个数据库中,查询与数据表不能同名
   B. 查询只能以数据表为数据来源
   C. 查询的结果随数据表记录的变化而变化
   D. 查询可以作为查询、窗体、报表等的数据来源
6. 如果在数据库中已有一个同名的表,那么下列_____查询将覆盖原来的表。
   A. 删除查询　　　B. 追加查询　　　C. 生成表查询　　D. 更新查询
7. 在 Access 数据库中,要查找"二年级"或"三年级"的记录,则在相应字段的查询条件中应输入_____。
   A. "二年级" AND "三年级"　　　　B. NOT("二年级" AND "三年级")
   C. IN("二年级","三年级")　　　　D. NOT IN("二年级","三年级")
8. 与表达式"BTTWEEN 100 AND 200"功能相同的表达式是_____。
   A. "＞＝100 AND ＜＝200"　　　　B. "＜＝100 OR ＞＝200"
   C. "＞100 AND ＜200"　　　　　　D. "IN(100,200)"
9. 下列_____主要用作模糊查询。
   A. Like　　　　　B. In　　　　　　C. Is Null　　　　D. Not Null

10. 要查找出生地的前两个字为"安徽"的所有记录,则在"出生地"字段的查询准则中应输入_____。
   A. Right([出生地],2)="安徽"   B. Left([出生地],2)="安徽"
   C. Right([出生地],4)="安徽"   D. Left([出生地],4)="安徽"

二、填空题

1. 对某字段的值求和,可以用_____函数。
2. 查询不仅可以查询表中的数据,还可以查询_____中的数据。
3. 特殊运算符 Is Null 用于指定一个字段为_____。
4. 创建分组统计查询时,分组字段应选择_____。
5. 要查询出职工表中1980年以后出生的职工,表达式生成器中的表达式是_____。
6. 在 Access 中,_____查询的运行一定会导致数据表中数据的变化。
7. 要为产品表增加名称为"摘要"的文本型字段,其 SQL 查询语句为_____。
8. 如果要查找某字段中以 A 开头,以 Z 结尾的记录,则应使用_____作为查询准则。
9. 使用向导创建交叉表查询的数据必须来自_____个表或查询。
10. 查询常常被作为_____、_____和数据访问页的数据基础。

三、设计题

打开图书馆数据库,并创建以下查询:

(1)以数据表 BOOKS 为数据源,创建选择查询,显示所有计算机类图书的编号、书名、单价和库存量;

(2)以数据表 BOOKS 为数据源,创建总计查询,统计各出版社的所有图书总额,显示出版社和图书总额两字段;

(3)创建参数查询,显示图书的借阅次数。运行查询时,对话框提示"请输入书名:";

(4)创建一个生成表查询,将 2004 年 5 月后出版的的的计算机类图书进书存到一个新表中,新表中包括 BOOKS 表的所有字段。

练习题 5

一、选择题
1. 窗体是_____的接口。
   A. 用户和用户   B. 数据库和数据库
   C. 操作系统和数据库   D. 用户和数据库之间
2. 在 Access 中,不能在_____对象中对数据进行重新排序。
   A. 数据表   B. 查询   C. 窗体   D. 报表
3. 在 Access 中,可以在命令_____执行后设置筛选条件。
   A. 按窗体筛选   B. 按选定内容筛选
   C. 内容排除筛选   D. 高级筛选/排序
4. 在 Access 中,使用_____键和鼠标操作,可以同时选中窗体上的多个控件。
   A. Tab   B. Shift   C. Ctrl   D. Alt
5. 在 Access 中,在窗体设计视图下,可以使用_____上的按钮打开窗体属性窗口。
   A. 工具箱   B. 生成器   C. 窗体设计工具栏   D. 格式工具栏
6. 在 Access 窗体中,能够显示在每一个打印页的底部的信息,它是_____。
   A. 窗体页眉   B. 窗体页脚   C. 页面页眉   D. 页面页脚
7. 要为新建的窗体添加一个标题,必须使用下面_____控件。
   A. 标签   B. 文本框   C. 命令按钮   D. 列表框
8. 下列哪种窗体中可以浏览多条记录的数据?_____
   A. 表格式窗体   B. 数据表式窗体 C. 纵栏式窗体   D. 以上三者都可以
9. 在 Access 中,用窗体的页眉可以为窗体显示一个标题,用_____菜单中的命令添加窗体页眉。
   A. 视图   B. 插入   C. 格式   D. 工具
10. 在 Access 中,在_____中可以设置窗体中文本框内字体的格式。
    A. 工具箱   B. 字段列表   C. 属性框   D. 生成器

二、填空题
1. 组合框控件结合了_____和_____的特点,即可在其中输入数据,也可在列表中选择。
2. _____控件主要用来显示可以滚动的数据列表。
3. _____控件可在一个窗体中显示多页信息。
4. 窗体的设计视图用于_____,显示的是各种控件的布局。

5. 窗体一般都是由_____、_____和窗体页脚 3 部分组成。
6. 窗体中的数据来源主要包括表和_____。
7. Access 数据库包括表、查询、_____、报表、页、宏和模块等基本对象。
8. 窗体有 6 种类型：纵栏式窗体、表格式窗体、_____、主/子窗体、图表窗体和数据透视表窗体。
9. 创建纵栏式窗体，可以在数据库窗口中的对象列表中单击窗体对象，再单击工具栏上"新建"按钮，出现_____对话框，从列表中选择"自动创建窗体：纵栏式"选项。
10. 控件的类型可以分为：结合型、非结合型与计算型。结合型控件主要用于显示、输入、更新数据库中的字段；非结合型控件_____，可以用来显示信息、线条、矩形或图像等；计算型控件用表达式作为数据源。
11. 在窗体设计视图下，单击工具箱中的_____按钮，屏幕上出现一个 ActiveX 控件列表。
12. Access 中主要有键盘事件、鼠标事件、_____、窗口事件和操作事件。
13. 窗体是数据库中用户和应用程序之间的主要界面，用户对数据库的_____都可以通过窗体来完成。
14. 建立基于多个表的主/子窗体有两种方法：一是同时创建主窗体和子窗体，二是_____。
15. 设计视图工作区由窗体页眉节、页面页眉节、_____、_____、和窗体页脚节部分组成。
16. 窗体是用来和用户进行交互的界面，也是创建_____的最基本对象。
17. 纵栏式窗体在每一时刻只能显示_____条记录。
18. 组合框控件结合了文本框和列表框的特点，既可在其中_____，也可在_____。
19. 窗体的设计视图用于窗体的创建和修改，显示的是各种_____，并不显示_____。
20. 窗体有 3 种视图，_____视图、数据表视图和窗体视图。

三、简答题

1. 窗体由哪几部分组成？
2. 简述窗体中工具箱的控件类型及其功能。
3. 简述窗体的主要类型及其功能。
4. 创建子窗体有何用处？

四、基本操作

1. 创建图书入库维护窗体，并为该窗体设置背景图（该图片由用户自选），如下图所示。

2.利用窗体设计向导创建一个图书信息窗体,并为窗体添加标题:图书信息窗体,如下图所示。

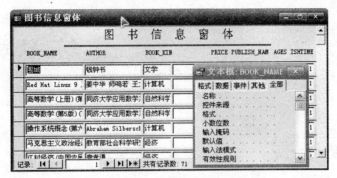

3.在窗体设计视图中创建出版社及其图书信息的主/子窗体,并利用命令按钮实现增加新书、删除书本和关闭窗体的功能,如下图所示。

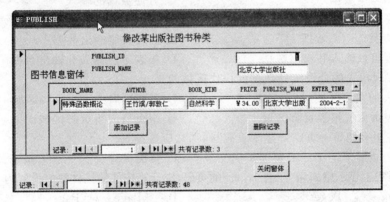

4.创建图表窗体,以柱形圆柱图的形式显示借阅图书的男女比例关系,如下图所示。

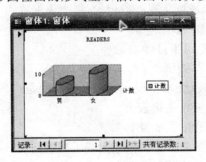

五、设计题

设计一个登录图书馆系统的主界面。

练习题 6

一、选择题

1. 报表的主要目的是_____。
   A. 操作数据　　　　　　　　　　B. 在计算机屏幕上查看数据
   C. 打印输出数据　　　　　　　　D. 方便数据的输入
2. 下面关于报表对数据的处理中叙述正确的是_____。
   A. 报表只能输入数据　　　　　　B. 报表只能输出数据
   C. 报表可以输入和输出数据　　　D. 报表不能输入和输出数据
3. 用于实现报表的分组统计数据的操作区域的是_____。
   A. 报表的主体区域　　　　　　　B. 页面页眉或页面页脚区域
   C. 报表页眉或报表页脚区域　　　D. 组页眉或组页脚区域
4. 为了在报表的每一页底部显示页码号,那么应该设置_____。
   A. 报表页眉　　B. 页面页眉　　C. 页面页脚　　D. 报表页脚
5. 要在报表上显示格式为"7/总10页"的页码,则计算控件的控件源应设置为_____。
   A. [Page]/总[Pages]　　　　　　B. =[Page]/总[Pages]
   C. [Page]&"/总"&[Pages]　　　　D. =[Page]&"/总"&[Pages]
6. 使用报表设计时,要让每页呈现一条记录,报表应配置为_____。
   A. 表格式　　B. 纵栏式　　C. 对齐　　D. 图表报表
7. 在 Access 数据库中,专用于打印的是_____。
   A. 表　　　　B. 查询　　　C. 报表　　　D. 页
8. 下述关于报表链接字段(关联字段)的说法,正确的是_____。
   A. 链接字段一定要显示在主报表上
   B. 链接字段一定要显示在子报表上
   C. 链接字段并不一定要显示在主报表上或子报表上
   D. 链接字段可以不含在基础数据源中
9. 在关于报表数据源设置的叙述中,以下不正确的是_____。
   A. 可以是查询对象　　　　　　　B. 可以是表对象
   C. 只能是查询对象　　　　　　　D. 可以是表对象或查询对象
10. 在报表设计的工具栏中,用于修饰版面以达到更好显示效果的控件是_____。
    A. 直线和矩形　　B. 直线和圆形　　C. 直线和多边形　　D. 矩形和圆形

二、填空题

1. 比较流行的报表形式有4种,它们是纵栏式报表、_____、图表式报表和标签式报表。

2. 报表设计中,可以通过在组页眉或组页脚中创建_____来显示记录的分组汇总数据。

3. 利用报表不仅可以创建计算字段,而且可以对记录_____,计算各组的汇总数据。

4. 信息管理的最终目的是要以适当的方式向管理者提供信息,而提供信息的方式有两种:一是联机检索,二是_____。

5. 报表的主要作用是_____和_____数据。

6. 在报表中可作为计算控件的常用控件有_____、组合框和列表框。

7. 在报表设计中,可以通过添加_____控件来控制另起一页输出显示。

8. 在 Access 中,报表包括文字报表、_____和_____ 3 大类。

9. 使用向导报表创建报表时,第一步必须选择_____或_____。

10. 对于查询结果,用户可以在一个数据工作表、_____或_____中显示。

11. _____报表将表或查询中的数值变成更直观的图形形式显示。

12. 在 Access 对象中,报表与窗口都是由控件组成的,但报表与窗体不同,报表不能用来_____数据。

13. 报表是以_____的方式显示用户数据的一种有效的方式。

14. 报表不能对数据源中的数据进行_____。

15. 在报表中既有分组,又有排序,通常是先进行_____操作。

16. 在新建报表对话框中,通常有设计视图、_____、自动创建报表:纵栏式、自动创建报表:表格式、_____、_____。

17. 图表报表是将表或_____中的数值变成更直观的图形形式显示。

18. 对报表中节的操作有_____和_____、显示和隐藏节、调整节的大小。

三、简答题

1. 叙述并比较窗体与报表的形式及用途。

2. 创建报表的方法有哪些?

3. 设置打印分组的作用是什么?

4. 在一个报表中,通常标题、表头、表体、表尾及表脚标均应对应报表对象中的哪个节?

四、基本操作题

1. 利用报表设计向导创建图书基本信息,要求按照出版社分组,并显示各组图书数量和,效果如下图所示。

2. 在报表设计视图中创建图书基本信息，要求按照出版社分组，单价递增排序，并显示各组图书数量和，效果如上图所示。

3. 以出版社为数据源制作一个标签报表，如下图所示。

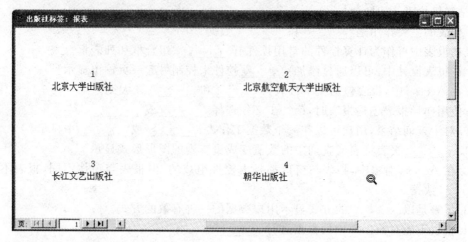

4. 创建出版社和图书信息的主/子报表，要求出版社表作为主报表数据源，图书表作为子报表，如下图所示。

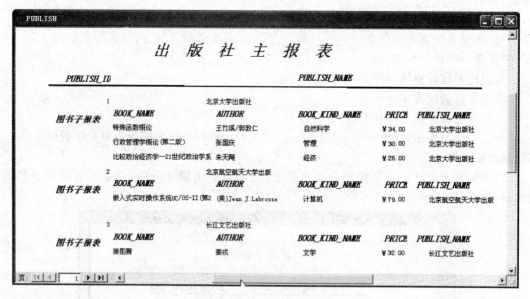

五、设计题

建立一个学生管理数据库，设计出介绍过的各种报表。

练习题 7

一、选择题

1. 数据访问页中_____。
   A. 可以增加命令按钮　　　　B. 不可以增加命令按钮
   C. 最多能按两个字段分组　　D. 只能按 4 个字段排序
2. 交互式报表数据访问页的主要功能是_____。
   A. 编辑数据　　　　　　　　B. 添加记录
   C. 分组排序和发布　　　　　D. 分析数据
3. 能够重新组织数据,并以电子表格的形式访问页的是_____。
   A. 数据输入页　　　　　　　B. 数据分析页
   C. 交互式报表页　　　　　　D. 数据统计页
4. 数据访问页的主题是指_____。
   A. 数据访问页的标题
   B. 对数据访问页的目的、内容和访问要求等的描述
   C. 数据访问页的布局与外观的统一设计和颜色方案的集合
   D. 以上都对
5. 在 Access 中,数据访问页中的记录导航栏能进行多种操作,下列_____不是记录导航栏所具有的功能。
   A. 保存记录　　B. 按窗体筛选　　C. 添加记录　　D. 以升序排序

二、填空题

1. 使用_____创建数据访问页时,不需要做任何设置,所有工作都由系统自动完成。
2. 在 Access 中需要发布数据库中的数据时,可以采用的对象是_____。
3. 数据访问页有两种视图方式,它们是_____和_____。
4. 在数据访问页的_____视图方式下,可以进一步完善和美化数据访问页。
5. 在 Access 数据库中,数据访问页的后缀名是_____。

三、设计题

1. 将图书馆数据库中的图书表以数据访问页的方式发送到 Internet 上,显示书号、书名、单价、库存量和进书时间等信息,该页以进书信息浏览页名保存,并在页视图方式下向表 BOOKS 增加一条记录。
2. 在已设计好的进书信息浏览页的设计视图中增加一文本框,显示库存总额的值,并以图书库存信息页名保存。

3. 在已设计好的图书库存信息页的设计视图中,增加出版社信息,并按出版社名分组,同时设置该页主题并添加其他控件。

4. 利用设计视图创建"读者借书信息浏览"数据访问页,能按读者姓名浏览信息,包括所借书名、单价、借阅时间和应还时间等信息,并在数据页标题处插入滚动文字:借书信息浏览,并根据自己的喜好,给数据访问页添加主题或背景图片。

练习题 8

一、选择题

1. 宏是指一个或多个_____的集合。
   A. 对象　　　　　　B. 命令　　　　　　C. 表达式　　　　　　D. 操作
2. 以下能用宏而不需要 VBA 就能完成的操作是_____。
   A. 事务性或重复性的操作　　　　　　B. 数据库的复杂操作和维护
   C. 自定义过程的创建和使用　　　　　　D. 一些错误过程
3. 停止当前运行的宏的宏操作是_____。
   A. StopMacro　　　B. RunMacro　　　C. StopAllMacro　　　D. CancelEvent
4. 在条件宏设计时，对于连续重复的条件，可以代替的符号是_____。
   A. …　　　　　　B. =　　　　　　C. ,　　　　　　D. ;
5. 下面对宏的描述中错误的是_____。
   A. 宏是一种操作代码的组合
   B. 宏具有控制转移功能
   C. 建立宏通常需要添加宏操作和设置宏参数
   D. 宏操作没有返回值
6. 宏的优点是_____。
   A. 可以自动进行一些操作　　　　　　B. 执行特定功能
   C. 可以由用户自己定义　　　　　　D. 是一组代码的集合
7. 条件宏的建立与宏、宏组的建立方法基本一样，它们的主要区别在于_____。
   A. 在宏窗口中添加注释列　　　　　　B. 在宏窗口中添加备注列
   C. 在宏窗口中添加条件列　　　　　　D. 在宏窗口中添加宏名列
8. 在一个宏中运行另外一个宏的操作命令是_____。
   A. RunMacro　　　B. RunApp　　　C. RunCommand　　　D. DoCmd
9. 使计算机扬声器发声的宏操作命令是_____。
   A. Close　　　　　　B. Beep　　　　　　C. RunApp　　　　　　D. RunMacro
10. 执行内置的 Access 宏命令是_____。
    A. MsgBox　　　B. Quit　　　C. Runcommand　　　D. Save
11. 用来查询或将 Where 子句应用至表、窗体或报表的宏操作命令是_____。
    A. ApplyFilter　　　B. MsgBox　　　C. DoCmd　　　D. RunCommand

12. 退出 Access 的宏操作命令是_____。
    A. Close　　　　　B. Quit　　　　　C. StopMacro　　　D. Beep
13. 查找符合条件的记录的宏操作命令是_____。
    A. Find　　　　　B. FindNext　　　C. FindRecord　　　D. Save
14. 运行宏,从而查找符合条件的记录,此时记录指针定位在_____位置。
    A. 第一条记录　　B. 第二条记录　　C. 最后一条记录　　D. 无法确定
15. 宏的分类主要有_____类。
    A. 1　　　　　　　B. 2　　　　　　C. 3　　　　　　　D. 4
16. 执行 Windows 或 MS-DOS 环境下的应用程序的宏操作命令是_____。
    A. RunApp　　　　B. RunCommand　C. RunMarcro　　　D. Quit
17. 在窗体或报表中运行宏的操作,往往是通过属性_____的选项卡来设置的。
    A. 格式　　　　　B. 数据　　　　　C. 事件　　　　　　D. 其他
18. 宏中的每个操作都有名称,用户_____。
    A. 能够更改操作名　　　　　　　　B. 不能更改操作名
    C. 能对有些宏名进行更改　　　　　D. 能够调用外部命令更改操作名
19. 在操作参数中输入表达式时,不能用"="开头的是_____操作的表达式参数。
    A. OpenForm　　　B. OpenReport　　C. SetValue　　　　D. RunApp
20. 若取消自动宏的自动运行,打开数据库对象时应按住_____键。
    A. Alt　　　　　　B. Shift　　　　　C. Ctrl　　　　　　D. Enter

二、填空题

1. 在宏中调用外部应用程序的宏操作命令为_____。
2. 查找符合条件记录的宏操作命令为_____。
3. 执行内置的 Access 命令的宏操作命令为_____。
4. 能够使计算机扬声器发声的宏操作命令为_____。
5. 宏的编辑主要涉及宏的修改和宏的_____。
6. 在宏的设计视图中,插入行按钮表示在_____位置插入一个新的宏操作行。
7. 在 Access 中,所有的_____都对应着 VBA 中相应的程序代码。
8. 若要将宏设置为自动运行,宏名应命名为_____。
9. 在打开一个数据库时,若要取消宏的自动运行操作,应按住_____键。
10. 在条件宏的设计窗口中,对于重复使用的条件可以用_____符号代替。
11. 宏是指一个或多个_____的集合。
12. 引用窗体中字段属性值的宏操作命令为_____。
13. 在一个非条件宏中,运行宏会执行宏的_____操作。
14. 在 Access 中,宏的操作主要有_____种。
15. 打开一个窗体的宏操作命令为_____。
16. 在宏的设计窗口中,主要包括两个部分,上半部分包括宏名、条件、操作和备注列,下半部分是_____。
17. 在宏的设计视图中,宏也有其特定的工具栏,主要包括宏名、条件、插入行、删除行和_____。

18. 在宏的设计视图中,当鼠标指向要删除的行,此行被选定时,按下_____键就可以完成删除的操作。

19. 在宏的设计窗口中添加条件列时,如果这个条件结果为_____,则 Access 就会执行此行的操作。

三、设计题

1. 在高校教师管理数据库系统中,创建一个宏,宏名为"教师信息查找"。运行该宏,要求打开 employee 窗体,查找姓名为林平的职工记录。

2. 在高校教师管理数据库系统中,创建一个宏,宏名为教师信息。运行该宏,要求打开 employee 窗体,若职工的编号为空,将出现报错信息:"请输入教师的职工编号!"。

3. 在高校教师管理数据库系统中,创建一个宏组,宏名为"综合宏"。运行该宏,要求打开 employee 数据表,打开 employee 窗体,打印 employee 窗体。

练习题 9

一、选择题

1. VBA 中定义常量的关键字是_____。
   A. Const　　　　　B. Public　　　　　C. Dim　　　　　D. Static
2. 二维数组 A(3 to 5,−1 to 4)中包含的元素个数为_____。
   A. 16　　　　　B. 12　　　　　C. 15　　　　　D. 18
3. 连接式"3 * 7" & "=" & (3 * 7)的运算结果为_____。
   A. "3 * 7=3 * 7"　　B. "3 * 7=21"　　C. "21=21"　　D. "21=3 * 7"
4. 以下函数不属于 VBA 提供的数据验证函数的是_____。
   A. IsDate　　　　B. IsNull　　　　C. IsNumeric　　　D. IsText
5. 将数学表达式 $\dfrac{a^{2n+1}}{4b}$ 写成 VBA 的表达式，正确的形式是_____。
   A. a^(2 * n+1)/(4 * b)　　　　　　B. a^(2n+1)/(4b)
   C. a^(2 * n+1)/ 4 * b　　　　　　D. a^(2n+1)/ 4b
6. 设有如下的记录类型：
   Type Student
   　　Number As String
   　　Name As String
   　　Age As Integer
   End Type

   则正确引用该记录类型变量的代码是_____。
   A. Student.Name="范娟"　　　　B. Dim stu1 As Student
   　　　　　　　　　　　　　　　　　　stu1.Name="范娟"
   C. Dim stu1 As Type Student.　　D. Dim stu1 As Type
   　　stu1.Name="范娟"　　　　　　　stu1.Name="范娟"
7. 以下表达式结果为真的是_____。
   A. (6>7)　　　　　　　　　　　　B. (Not(6<7))
   C. ((7 Or (6>5))=1)　　　　　　D. ((7 Or (6<5))=−1)
8. 在 VBA 中不能进行错误处理的语句结构是_____。
   A. On Error Then 标号　　　　　B. On Error Goto 标号
   C. On Error Resume Next　　　　D. On Error Goto 0

9. 以下关于运算符优先级比较,叙述正确的是_____。
   A. 算术运算符＞逻辑运算符＞关系运算符
   B. 逻辑运算符＞关系运算符＞算术运算符
   C. 算术运算符＞关系运算符＞逻辑运算符
   D. 以上都不正确

10. 表达式("赵"＜"柳")返回的值是_____。
    A. False   B. True   C. -1   D. 1

11. 在日期/时间数据类型中,每个字段需要_____个字节的存储空间。
    A. 4   B. 8   C. 12   D. 16

12. 单击窗体上 Command1 命令按钮时,执行如下事件过程:
```
Private Sub Command1_Click()
a$ = "Access 数据库程序设计"
c$ = Mid(a$,1,4)
  b$ = Right(a$,4)
MsgBox b$ &c$
End Sub
```
   在弹出的信息框的标题栏中显示的信息是_____。
   A. 程序设计   B. Access 数据库程序设计
   C. ACCE 程序设计   D. ACCE

13. 将数学表达式 $Cos^2(a+b)$ 写成 VBA 的表达式,其正确形式是_____。
    A. Cos(a+b)*2   B. Cos*2(a+b)   C. Cos(a+b)^2   D. Cos^2(a+b)

二、填空题

1. VBA 的全称是_____。
2. Dim NewValue 定义的是_____类型的变量。
3. VBA 的逻辑值进行算术运算时,True 值被当作_____。
4. VBA 编程环境由_____、_____、_____组成。
5. VBA 属性窗口提供了"按字母序"和_____两种属性查看方式。
6. On Error Goto 0 语句的含义是_____;On Error Resume Next 语句的含义是_____。
7. 函数 Str(2007)的运算结果是_____。
8. VBA 中,可以使用_____语句将数组的默认下标定为 1。
9. VBA 的 3 种流程控制结构是顺序结构、选择结构和_____。
10. 函数 Val("0x6A")的返回值是_____。

三、操作题

1. 编写程序,要求输入 x,输出 y 的值,运算规则如下所示:

$$y = \begin{cases} -\dfrac{1}{x} & 0 \leq x \leq 1 \\ 1-x & 1 < x \leq 2 \\ \dfrac{x^3}{4} & x > 2 \end{cases}$$

2.已经设计好如下图所示的一个窗体,有 3 个文本框 Text1、Text2、Text3 分别用来表示长方形的长、宽和面积,2 个命令按钮控件 Command1、Command2 的标题分别是"计算"、"退出"。

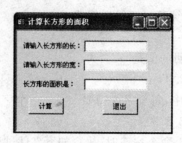

(1)请在 Command1 按钮的单击事件中编写程序计算长方形的面积,最后将结果显示在 Text3 中。

(2)请写出 Command2 按钮的单击事件,使窗口能够退出。

练习题 10

一、选择题

1. ADO 对象模型中可以为 Recordset 对象提供数据的是_____。
   A. Connection 对象　　　　　　　　B. Command 对象
   C. Connection 对象和 Command 对象　　D. 不存在

2. 运行下面的程序段：
   For S = 15 to 3 step -2
       S = S - 3
   Next S
   则循环次数为_____。
   A. 1　　　　　　B. 2　　　　　　C. 3　　　　　　D. 5

3. 下面的过程运行之后,则变量 J 的值为_____。
   Private Sub Fun()
     Dim J As Integer
     J = 2
     Do
         J = J * 3
     Loop While J<15
   End Sub
   A. 2　　　　　　B. 6　　　　　　C. 15　　　　　　D. 18

4. 在 VBA 代码调试过程中,能够显示出所有在当前过程中变量声明及变量值信息的是_____。
   A. 快速监视窗口　　B. 监视窗口　　C. 立即窗口　　D. 本地窗口

5. 已知程序段：
   S = 0
   For I = 1 to 10 step 2
     S = S + 1
     I = I * 2
   Next I
   当循环结束后,变量 I、S 的值分别为_____。
   A. 22,3　　　　　B. 11,4　　　　　C. 10,5　　　　　D. 16,6

6. 下面的程序段运行后,变量 S 的值变为"65666768",则程序"条件表达式"为_____。

    I = 1
    Do While (条件表达式)
        S = S &ASC(Chr $ (I + 64))
        I = I + 1
    Loop

    A. I>5   B. Not(I<>5)   C. I<5   D. I=5

7. VBA 调试工具中,_____的功能是在中断模式下安排一些调试语句并显示其值变化的窗口。

    A. 快速监视窗口   B. 监视窗口   C. 立即窗口   D. 本地窗口

8. 使用 ADO 连接数据库时,下列_____不是 Recordset 的方法。

    A. AddNew   B. DelOld   C. Close   D. Update

9. 循环的条件表达式的数据类型是_____。

    A. 逻辑型   B. 数值型   C. 字符型   D. 文本型

10. 有如下程序段:

    Dim I As Integer
    I = Int(-3.25)

    执行后,I 的返回值是_____。
    A. -3   B. -4   C. 3   D. 3.25

二、填空题

1. 程序中的 Me 关键字的作用是_____。
2. ADO 模型主要有 Connection、Command、_____等对象。
3. 为控件对象指定变量名时,必须使用_____关键字。
4. 在定义数组时,要将数组的下标都从 1 开始,应该在定义语句前使用_____语句。
5. 使用 ADO 时,需要引用当前数据集 RST 中的"姓名"字段的数据,应该使用_____语句。
6. 为了能够在程序中正常使用 ADO 连接数据库,应该先引用_____组件。
7. DO Unitl…Loop 语句和 DO While…Loop 语句的区别是_____。
8. 在程序执行过程中,如果希望忽略错误,则使用_____语句。
9. 在 ADO 中需要将当前记录删除,使用 ADO 的_____方法。
10. 在_____窗口中可以即时查看变量的当前值。

三、操作题

1. 编制程序进行计算:1+3+5+7+…+21 的和。如果程序有错误,请使用 VBA 程序调试工具进行调试。
2. 使用 While 语句编写程序计算:1-2+3-4+5-6+…-100 的值。
3. 使用 For 循环编制程序进行计算:2*4*6*8*…*20 的积。
4. 在窗体上放置一个命令按钮 CMD,一个文本框 TXT,要求:编写程序计算 TXT 中输入的数字的阶乘,并将结果显示在 TXT 文本框中。

练习题 11

一、选择题

1. VBA 表达式"abcd"+" de"的值为_____。
   A. abcde   B. abcdde   C. abcd de   D. abcd

2. 若 a=0,b=1,则 VBA 表达式 a>b 的值为_____。
   A. t   B. f   C. true   D. false

3. 下面的 MainSub 过程运行后,则变量 J 的值为_____。
   ```
   Private Sub MainSub()
     Dim J As Integer
     J = 9
     Call GetData(J)
     Msgbox J
   End Sub
   Private Sub GetData(ByRef b As Integer)
     b = b * 3 + Sgn(-9)
   End Sub
   ```
   A. 26   B. 25   C. 28   D. 27

4. 下面的 MainSub 过程运行后,则变量 J 的值为_____。
   ```
   Private Sub MainSub()
     Dim J As Integer
     J = 9
     Call GetData(J)
     Msgbox J
   End Sub
   Private Sub GetData(b As Integer)
     b = b * 3 + Sgn(-9)
   End Sub
   ```
   A. 26   B. 25   C. 9   D. 27

5. 能够实现从指定记录集里检索特定字段值的函数是_____。
   A. Rnd   B. Nz   C. DLookup   D. DSum

6. 能够实现将 NULL 值转换为 0 的函数是_____。
   A. Rnd   B. Nz   C. DLookup   D. DSum
7. 能够返回指定记录集中的记录数的函数是_____。
   A. DCount   B. Nz   C. DLookup   D. DSum
8. Asc("abcd")的函数值为_____。
   A. 65   B. 97   C. 68   D. 100
9. 在有参函数设计时,要实现某个参数的"双向"传递,就应当说明该参为"传址"调用形式。其设置的选项是_____。
   A. ByRef   B. ByVal   C. Optional   D. ParamArray
10. 在有参函数设计时,要实现某个参数的"传值"传递,其设置的选项是_____。
    A. ByRef   B. ByVal   C. Optional   D. ParamArray
11. 函数过程如下：
    Function MyFun(L As string) As String
       Dim m1 As String
       For I = 1 to Len(L)
          m1 = Ucase(Mid(L,I,1)) + m1
       Next I
       MyFun = m1
    End Function
    执行 S=MyFun("uvwxyz"),则变量 S 的值是_____。
    A. uvwxyz   B. zyxwvu   C. ZYXWVU   D. UVWXYZ
12. 能够触发窗体的 MouseDown 事件的操作是_____。
    A. 拖动窗体   B. 单击鼠标左键
    C. 按下键盘上的某个键   D. 鼠标在窗体上移动
13. 需要设置窗体的"计时器间隔"(TimerInterval)属性值,其计量的单位是_____。
    A. 秒   B. 微秒   C. 分钟   D. 毫秒
14. 如果焦点位于文本框中,则能够触发 OnKeyPress 事件的操作是_____。
    A. 拖动窗体   B. 单击鼠标
    C. 按下键盘上的某个键   D. 鼠标在窗体上移动
15. 下列给出的函数中,能返回系统时间函数的是_____。
    A. Time()   B. Date()   C. Weekday()   D. Day()
16. 在 VBA 中能返回变量 Y 的正切值的函数是_____。
    A. Tan(Y)   B. Sin(Y)   C. Cos(Y)   D. Atn(Y)
17. VBA 中用实际参数 a 和 b 调用有参过程 Area(k,s)的正确形式是_____。
    A. Area k,s   B. Area a,b   C. Call Area(k,s)   D. Call Area(a,b)
18. 判断一个数据是否有效,一般使用函数_____。
    A. IsEmpty   B. IsError   C. IsNull   D. IsDate
19. 将数字转换成字符串的操作,一般是通过_____函数来实现的。
    A. Str   B. Asc   C. Chr   D. Val

20. 将大写字母转换成小写字母的操作，一般是通过_____函数来实现的。
   A. Ucase   B. Lcase   C. Upper   D. Lower

二、填空题
   1. 类模块和标准模块的不同点在于_____不同。
   2. 标准模块的数据存在于_____中。
   3. 类模块的数据存在于_____中。
   4. 窗体模块和报表模块属于_____模块。
   5. 宏可以转换成_____，它的操作是在工具菜单下进行的。
   6. 标准的变量名必须以_____开头，其长度不能超过 255 个字符。
   7. 在过程调用中，_____可选项，表示参数按地址传送。
   8. 在过程调用时，_____参数传送方式，不影响实参的值。
   9. _____调用也称之为双向作用形式。
   10. 将 TimerInterval 属性设为 0 时，将阻止_____事件发生。
   11. 函数 IsError 的值为 True 时，表示有_____。
   12. 函数 Str(－6) 的运行结果为_____。
   13. DSum 函数用于返回指定记录集中某个_____数据的和。
   14. 函数过程的调用形式为_____。
   15. 在过程中，用_____子句来声明变量的数据类型。
   16. 使用_____关键字，则所有模块的所有其他过程都可以调用它。
   17. 使用_____关键字，则在同一模块中的其他过程可以调用它。
   18. 函数 Int(－3.8) = _____。
   19. 函数 Asc("cf") = _____。
   20. 函数 Val("3 1 3 2") = _____。

三、设计题
   1. 在高校教师管理数据库系统中，要求在窗体 course 中放置一个文本框(ycxInput)和按钮(ycxok)，试编写按钮的单击事件(ycxok_Onlick)，完成如下功能：在文本框中输入内容，单击按钮，可以将文本框中的内容显示在窗体的标题上。
   2. 写出以下过程，实现函数的调用：
   在子函数 Fun 中，使用 int 函数，对一个负数进行取整运算。
   在主函数 main 中，利用 inputBox 提示框输入一个负数，并调用子函数 Fun，求得所输入的负数取整后的结果。
   3. 在高校教师管理数据库系统中，要求在 salary 表中增加实发工资字段，同时使用 VBA 编辑程序计算实发工资。使用公式为：实发工资＝基本工资＋津贴＋其他－房租－公积金－医疗保险－所得税。

练习题 12

一、单选题

1. 通常程序中的一个模块完成一个适当的子功能，应该把模块组织成良好的_____。
   A. 紧耦合系统　　　　B. 松散结构　　　　C. 层次系统　　　　D. 系统结构

2. 下列属于需求分析阶段的具体任务是_____。
   A. 分析系统的数据要求　　　　　　　　B. 确定对用户的综合要求
   C. 了解用户的需求　　　　　　　　　　D. 导出系统的逻辑模型

3. 在软件开发过程中，软件结构设计是描述_____。
   A. 数据存储结构　　B. 软件模块体系　　C. 软件结构测试　　D. 软件控制过程

4. 为了实现目标系统，设计过程通常分为_____和过程设计。
   A. 程序设计　　　　B. 结构设计　　　　C. 系统设计　　　　D. 详细设计

5. _____是软件结构设计中遵循的最主要的原理。
   A. 抽象　　　　　　B. 模块化　　　　　C. 模块独立　　　　D. 信息隐蔽

6. 在建立、删除用户和更改用户权限时，一定先使用_____账号进入数据库。
   A. 管理员　　　　　　　　　　　　　　B. 普通账号
   C. 具有读写权限的账号　　　　　　　　D. 没有限制

7. 不能设置数据库的安全的是_____。
   A. 设置数据库打开的密码　　　　　　　B. 限制用户访问的权限
   C. 把数据库存为 MDE 文件　　　　　　D. 把数据库设为只读属性

8. 下列叙述不正确的是_____。
   A. Access 允许用户对数据库进行密码设置，确保数据库的安全
   B. Access 提供了修改和撤销密码的功能
   C. 可以直接对设置的密码进行修改
   D. 撤销密码时要以独占方式打开数据库

9. 对于 MDE 文件的叙述不正确的是_____。
   A. 防止其他用户使用第三方实用程序（如十六进制编辑器）来查看代码
   B. Access 将编辑所有的模块，删除所有可以编辑的源代码，然后压缩目标数据库
   C. 原始的.mdb 文件会受到影响
   D. MDE 文件中的 VBA 代码仍然能运行，但不能查看和编辑

二、填空题

1. 软件是程序、数据和_____的集合。

2. Access 提供了设置数据库安全的两种传统方法：_____和_____。

3. 将数据库文件转换为_____文件，可以完全保护 Access 中的代码免受非法的访问。

4. 撤销给数据库设置的密码，必须用_____方式打开数据库。

5. 用户可以使用_____来保护所有的标准模块和类模块。

三、思考题

1. 试述数据库应用系统开发的一般过程。

2. 数据库应用系统的主要功能模块一般有哪些？

3. 数据库应用系统中的切换面板的作用是什么？如何创建切换面板？主切换面板与其他切换面板的区别是什么？

4. 如何生成 MDE 文件？在 Access 中，创建 MDE 文件有什么意义？

练习题参考答案

练习题 1

一、选择题

1—5 ABADA 6—10 ADDBA

二、填空题

1. 数据、信息 2. 数据库管理系统
3. 数据独立性好、数据完整性与一致性好、安全可靠、提供 SQL 语言。
4. 层次模型、网状模型和关系模型
5. 域完整性、实体完整性、参照完整性和用户定义完整性
6. 字段或列 7. 属性、元组 8. 选择、投影、连接 9. 数据定义语言 10. 数据

三、简答题

1. 从 20 世纪 50 年代计算机应用于数据处理开始,大致有以下几个发展阶段:人工管理阶段、文件系统阶段、数据库系统阶段、分布式数据库系统阶段、对象—关系数据库系统阶段。

2. 数据是指存储在某一种媒介上能够识别的物理符号;从计算机角度理解,数据库是存储在计算机系统中的存储介质上,按一定的方式组织起来的相关数据的集合;数据库管理系统(DataBase Management System—DBMS)是一个数据管理软件,它需要操作系统的支持,向用户提供一系列的数据管理功能;数据库系统是指运行了数据库管理系统的计算机系统,能够对大量的动态数据进行有组织的存储与管理,提供各种应用支持。

3. 在数据库领域中,用数据模型描述数据的整体结构,包括数据的结构、数据的性质、数据之间的联系、完整性约束条件,以及某些数据变换规则。

4. SQL 可以定义数据库中的对象、操纵数据库中的数据、控制数据库的运行。

5. 数据库管理系统应该具有的管理功能包括数据库的建立、维护与应用,为用户提供了定义与操纵数据的基本方法与工具。使得数据成为方便用户使用的资源,更加容易共享,提供数据的安全性与可用性。

6. 现实中的学生成绩管理系统就是一个典型的数据库,至少包含学生信息、成绩信息,并且这两种信息一般存放在不同的表或关系中。

练习题 2

一、选择题

1—5　CDDCC　6—10　DBDDD

二、填空题

1. Office　2. 关系　3. 表、查询、窗体、报表、页、宏、模块　4. 查找数据　5. mdb
6. VBA　7. 数据库　8. 关系数据库　9. F1　10. 唯一地确定表中的每个记录

三、简答题

1. 表是数据库的基础,用于存储实际数据。

查询可以用来从数据库中查找、排序或者检索指定的信息,可以选择或者定义一组满足给定条件的记录。

窗体可以提供非常方便的输入、编辑和显示表记录的用户界面。

报表可以根据需要打印输出数据表中的数据。

通过页用户可以方便地将 Access 中的数据发布到 WEB 上,建立动态的 WEB 页。

我们可以将日常大量重复的操作创建成一个宏,使得这些操作自动完成。

模块是 VBA 编程的主要对象,模块通常与过程联系在一起,也就是说,用户为某个过程编写的程序代码都包含在某个模块之中。数据库中有两种基本类型的模块:标准模块与窗体/报表模块。

2. 启动 Access 的主要方法有:从"开始"菜单启动;通过桌面上的快捷图标启动,当然通过这种方式正常启动的前提是已经在桌面上建立了快捷方式;通过文件夹中的图标启动;通过资源管理器启动。

退出 Access 的主要方法有:单击标题栏上的"关闭"按钮;按 Alt+F4;在 Access 主菜单中,选择"文件"→"退出"。

3. 打开 Access 后可以看到数据库设计器中包含有 7 个对象,还可以在数据库设计器中通过顶部按钮打开、设计或新建某一个对象。

四、操作题

1. 如果已经安装了 Access,则在"开始"菜单的"程序"子菜单中可以看到"Microsoft Access"。

2. 启动 Access 后,选择新建"空 Access 数据库",然后确定保存位置,并将文件名设置成"图书馆"。

练习题 3

一、选择题

1—5　DCBDA　6—10　BADDD　10—15　BACBB　16—20　CBDDA

二、填空题

1. 输入格式　2. 关系　3. 数据　4. 表格形式　5. 关联　6. 准则
7. 文本型,备注型　8. 嵌入　9. 字段名　10. 主题

三、设计题

1. (1)建立数据库文件图书馆.mdb。

(2)打开新建表对话框。在数据库窗口中选择"表"对象,单击"新建"按钮,屏幕上显示"新建表"对话框,在此对话框中选中"设计视图",单击"确定"按钮,屏幕显示表的设计视图窗口。

(3)定义第一个字段。单击第一行"字段名称"列,输入 BOOKS 表的第一个字段名 BOOK_ID;单击"数据类型"列,选择文本数据类型。

(4)重复步骤(3),定义其他字段,完成后,单击第一个字段的字段选定器,然后单击工具栏上的"主键"按钮,将 BOOK_ID 字段定义为主键。

最后单击工具栏上的"保存"按钮,在"另存为"对话框中输入数据表的名称 BOOKS,单击"确定"按钮保存。

2. (1) 打开 BOOKS 表的"设计视图",可以直接修改字段名,更改数据类型和字段属性等。如缺少字段,可将鼠标移动到要插入字段的位置处,单击工具栏上的"插入行"按钮,如字段多了,请选择需要删除的字段,单击工具栏上的"删除行"按钮。

(2) 在 BOOKS 表的"设计视图"中,分别选中 BOOK_NAME 字段和 AUTHOR 字段,将字段的大小分别改为 30 和 20。

(3) 在表的"设计视图"中,可以通过拖动实现改变两字段之间的位置关系。

3. 打开 BOOKS 表的"数据表视图",就可以向数据表中逐条输入记录了。

4. (1)打开 BOOKS 表的"设计视图",选中 BOOK_ID 字段,在"输入掩码"中输入"000000000"。

(2) 打开 BOOKS 表的"设计视图",按顺序选中各字段,在"标题"属性中输入相应标题。

(3)与(1)操作类似。

(4)当输入的图书价格不在 0~200 元之内时,系统将会弹出"有效性文本"属性中的文字:"图书价格只能在 200 元之内!"。

(5)在"格式"菜单中主要包括字体、数据表格式、行高、列宽、重命名列、隐藏列等设置功能。

5. (1)图书馆.mdb 数据库中设置 7 个相互关联的数据表,每个数据表对应着图书管理工作中的一个方面,即一表一主题,它们之间以关键字构成关联,形成一个有机的整体。数据表分别是 BOOKS 表(图书信息表)、READERS 表(读者基本信息表)、LOANBOOK 表(借阅信息表)、BACKBOOK 表(还书信息表)、LOSTBOOK 表(图书丢失信息表)、BOOKKIND 表(图书类型代码表)和 PUBLISH 表(出版社代码表)。

(2)参见实验 4。

(3) 在 Access 中,排序的规则为:英文按字母顺序排序(字典顺序),大、小写视为相同,升序时按 A→Z 排序,降序时按 Z→A 排序;中文按拼音字母的顺序排序;数字按数字的大小排序;日期/时间字段按日期的先后顺序排序,升序按从前到后的顺序排序,降序按从后到前的顺序排序。

(4)参见教材有关筛选操作。

6. 参见主教材中例 3.17。

7. Access 中的数据可以方便地导入到其他数据文件中,例如,导入文本文件或 Excel 文件。

练习题 4

一、选择题
  1—5　BBDDB　6—10　CCAAB

二、填空题
  1. SUM　2. 查询　3. 是否为空　4. GROUP BY
  5. YEAR(出生日期)>1980 或者 >=#1980-1-1#
  6. 修改查询、删除查询或更新查询
  7. ALTER TABLE 产品表 ADD 摘要 text
  8. Like ("A*Z")　9. 一　10. 窗体、报表

三、设计题
(1)操作步骤：
①选择"查询"标签，单击"新建"按钮，并双击"显示表"对话框中的 BOOKS 和 BOOKKIND 表；
②双击 BOOKS 表中的字段 BOOK_ID、BOOK_NAME、PRICE、STOCK，并将对应的字段名用中文别名表示，如编号、书名、单价和库存量；
③双击 PUBLISH 表中的 BOOK_KIND_NAME；
④在 BOOK_KIND_NAME 栏输入条件"计算机"，显示栏无效，并运行该查询。

(2)操作步骤：
①选择"查询"标签，单击"新建"按钮，并双击"显示表"对话框中的 BOOKS 和 PUBLISH 表；
②选择"总计"查询；
③双击表 PUBLISH 中的 PUBLISH_NAME，加上中文名出版社名，并在总计栏选择"Group By"；
④在第二栏中输入公式[PRICE]*[STOCK]，并加中文名图书总额，总计栏选择聚合函数 Sum 后，运行该查询即可。

(3)操作步骤：
①选择"查询"标签，单击"新建"按钮，并双击"显示表"对话框中的 BOOKS 和 LOANBOOK 表；
②在查询菜单中选择"参数…"，并在弹出的对话框中输入"请输入书名"，数据类型为文本；
③双击表 BOOKS 中的 BOOK_NAME 字段和 LOANBOOK 表中的 LOAN_TIME 字段，加上中文名"书名"和"借阅次数"；
④运行查询时，可在对话框中输入要查询的图书名，并显示运行结果。

(4)操作步骤：
①选择"查询"标签，单击"新建"按钮，并双击"显示表"对话框中的 BOOKS 和 BOOKKIND 表；
②双击表 BOOKS 中的所有字段或双击 BOOKS 字段列表中的"*"；

③双击 PUBLISH 表中的 BOOK_KIND_NAME,在该字段的条件栏输入条件"计算机",显示栏无效;

④在查询菜单中选择"生成表查询",并在弹出的对话框中输入新表名,如"计算机类图书";

⑤运行查询,并确定向指定的新表中粘贴数据即可。

练习题 5

一、选择题

1—5 DCABC 6—10 BADAC

二、填空题

1.文本框 列表框 2.列表框 3.选项卡 4.窗体的创建和修改
5.窗体页眉、主体 6.查询 7.窗体 8.数据表窗体 9.新建窗体
10.没有数据源 11.其他控件 12.对象事件 13.操作
14.将已有的窗体添加到另一个已有的窗体中 15.主体节 页面页脚节
16.应用程序 17.1 18.输入数据 列表中选择数据
19.控件的布局 数据源数据 20.设计

三、简答题

1.窗体由页眉节区、主体节区、页脚节区组成。

2.简述窗体中工具箱的控件主要有文本框按钮、命令按钮、超级链接按钮等组成。

在窗体中利用文本框按钮可以实现文本的增加和设置;命令按钮往往是通过向导进行的,从而实现对窗体的操作;超级链接按钮则是对窗体中某些字段或字段的内容进行超级链接设置的。

3.简述窗体的主要类型有纵栏式、表格式、数据表式;此外窗体的类型还可以划为主窗体和子窗体。前者的功能主要表现在窗体的数据格式显示不同,而后者则体现为窗体的菜单设计。

4.创建子窗体主要是为了菜单的界面设计。

四、基本操作

1.操作步骤:

(1)在窗体的设计视图中进行背景设计;

(2)在窗体的设计视图中利用工具箱的控件选中所选的数据来源,进行拖放设置;

(3)然后保存,打开窗体即可浏览。

2.其操作步骤基本同上。

3.操作步骤:

(1)在窗体设计视图中设计主窗体,其方法同上;

(2)进行子窗体设计,在窗体设计视图中利用工具箱的控件设计;

(3)在窗体设计视图中添加命令按钮,并根据向导完成;

(4)保存设计,打开窗体浏览。

4.操作步骤:

(1)利用窗体向导,创建图表窗体;
(2)选择正确的数据源;
(3)保存设计,打开窗体浏览。

五、设计题(略)

练习题 6

一、选择题
  1—5 CBDCD 6—10 BCCCA

二、填空题
  1.表格式报表 2.文本框控件 3.进行分组 4.生成报表 5.比较 汇总
  6.文本框 7.分页 8.图表报表 标签报表 9.表 查询 10.窗体、报表
  11.图表 12.输入 13.打印输出 14.修改 15.排序
  16.报表向导 图表向导 标签向导 17.查询 18.添加节 删除节

三、简答题
  1.报表和窗体的组成形式相似,一般分成5节,节的名称也差不多,一个叫窗体中的节,一个叫报表中的节。窗体通常供用户操作系统、数据等的窗口界面,报表是用来把数据输出的样式。
  2.创建报表的方法有:设计视图、报表向导、自动创建报表:纵栏式、自动创建报表:表格式、图表向导及标签向导。
  3.设计打印分组的作用主要是:一方面用于把相同的数据进行归类,另一方面也便于对相同数据进行统计,使报表看上去表现的数据更直观。
  4.在一个报表中,通常标题、表头、表体、表尾及表脚标均应对应报表对象中报表页眉、页面页眉、主体、页面页脚及报表页脚。

四、基本操作题
  1.操作步骤:
  (1)在报表的设计向导中选中数据源;
  (2)要求按照出版社分组,并显示各组图书数量和;
  (3)保存设计,打开报表浏览。
  2.其操作步骤基本同上。
  3.操作步骤:
  (1)在报表设计向导中选取标签报表,并选中数据源;
  (2)保存设计,打开报表进行浏览。
  4.操作步骤:
  (1)在报表的设计视图中选中数据源,利用工具箱控件创建主/子报表,要求出版社表作为主报表数据源,图书表作为子报表;
  (2)设计控件的相应位置;
  (3)保存设计,打开报表进行浏览。

五、设计题(略)

练习题 7

一、选择题
    1—5   AACCA

二、填空题
    1.自动数据访问页 2.数据访问页 3.设计视图 页视图
    4.设计 5.HTML

三、设计题
    1.操作步骤：
    (1)在图书馆数据库中,选择页标签,并单击"新建"按钮；
    (2)在新建页视图中,将 BOOKS 表中的字段 BOOK_ID、BOOK_NAME、PRICE STOCK 和 ENTER_TIME 添加到视图中；
    (3)将对应字段的标签改为中文名,并注意调整页面的布局；
    (4)将该页以 html 文件保存,并命名为进书信息浏览页；
    (5)在视图菜单中选择"页视图"命令,在导航栏中单击新建按钮,输入要增加的数据,如"7040169037,Java 程序设计,46,10,2007-3-1"。

    2.操作步骤：
(1)打开已设计好的进书信息浏览页的设计视图,在设计视图的适当位置添加文本框控件；
    (2)右键单击其标签,选择元素属性,将其 Innertext 属性改为库存总额,单击文本控件,将其数据标签下的 ControlSourse 属性设置为图书库存:[PRICE]*[STOCK]；
    (3)在文件菜单中,选择"另存为…"命令,将该页以图书库存信息页名保存。

    3.操作步骤：
    (1)打开已设计好的图书库存信息页的设计视图；
    (2)在字段列表中,双击 PUBLISH 表中的 PUBLISH_NAME,将其添加到页面中的适当位置；
    (3)单击工具栏上的升级按钮,同时将文字标签改为出版社名；
    (4)在格式菜单中选择"主题…"命令,在弹出的对话框中选择合适的主题,如秋叶。

    4.操作步骤：
    (1)在图书馆数据库中,选择页标签,并单击"新建"按钮；
    (2)在字段列表中,将所需的字段添加到页面中的适当位置,如 READ_NAME 等,并将文字标签修改为中文；
    (3)在控件箱中选择滚动文字控件,在页面的标题处画出滚动文字的范围,并输入标题,如读者借书信息浏览；
    (4)利用格式工具栏中的有关命令,设置滚动文字的属性,如字体、字号、颜色等；
    (5)也可模仿以上各题,设置页面的其他属性。

练习题 8

一、选择题
　　1—5　BAAAB　6—10　BCABC　11—15　ABCAC　16—20　ACADB

二、填空题
　　1. RunApp　2. FindRecord　3. RunCommand　4. Beep　5. 删除　6. 当前　7. 宏
　　8. Autoexec　9. Shift　10. …　11. 操作　12. SetValue　13. 所有　14. 53
　　15. OpenForm　16. 宏的操作参数　17. 运行　18. Delete　19. 真

三、设计题
　　1. 操作步骤：
　　(1)在宏的设计视图中创建一个宏组,宏名为"教师信息查找"；
　　(2)在宏组中,第一个操作为OpenForm,数据源为employee窗体；
　　(3)在宏组中,第二个操作为FindrRecord。在宏的操作参数区设置条件,也可以利用表达式生成器进行编辑。

　　2. 操作步骤：
　　(1)在宏的设计视图中创建一个宏,宏名为"教师信息"；
　　(2)在宏的操作参数区,选择OpenFormr操作,数据源为employee窗体；
　　(3)在宏的操作参数区,输入警告信息:若职工的编号为空,将出现报错信息"请输入教师的职工编号！"。

　　3. 操作步骤：
　　(1)在宏的设计视图中创建一个宏组,宏名为"综合宏"；
　　(2)在宏组中,第一个操作为OpenTable,数据源为employee数据表；
　　(3)在宏组中,第二个操作为OpenForm,数据源为employee窗体。
　　(4)保存宏组,运行宏组,可以看到结果。

练习题 9

一、选择题
　　1—5　ADBDC　6—10　BDACA　11—13　BCC

二、填空题
　　1. Visual Basic for Application　2. 变体型数据　3. —1
　　4. 标准工具栏、工程窗口、属性窗口、代码窗口　5. 按分类序
　　6. 关闭错误处理、不处理错误；继续执行下一条命令　7. "2007"
　　8. Option Base 1　9. 循环结构　10. 0

三、程序设计题
　　1. 本题考察的是读者对多分支语句的掌握,可以使用if…else if语句实现分支选择。if语句中表示判断的条件语句书写时需要注意,表示1<=x<=1这样的条件必须写成0<=x and x<=1。

具体程序如下：

```
Private Sub Sub1
    x = Val(InputBox"请输入 x:")
    If x>=0 and x<=1 then
        y = 1/(-x)
    else if x<=2 then
        y = 1-x
    else
        y = (x^3)/4
    end if
    MsgBox"结果是:" & y
End Sub
```

2. 本题主要考察按钮的单击事件和文本框 Value 属性的引用方法。

需要注意，Value 属性中保存的是文本性数据，需要用 val() 函数转换成数字型，然后相乘，再将结果存放到文本框 Text3 的 Value 属性中。

具体程序代码如下：

```
Private Sub Command1_Click()
    Text3.Value = val(Text1.Value) * val(Text2.Value)
End Sub
```

退出窗体可以使用 DoCmd 的 Close 方法。

具体程序代码如下：

```
Private Sub Command2_Click()
    Docmd.close
End Sub
```

练习题 10

一、选择题

　　1—5　CCDDA　6—10　CCBAB

二、填空题

　　1. 表示当前所在的窗体或报表　2. RecordSet　3. Set　4. Option Base 1
　　5. Rst.field("姓名")　6. ADO
　　7. Until 中的条件被满足后，循环即停止；While 中的条件被满足后，循环开始执行
　　8. On Error Goto 0　9. delete　10. 立即窗口

三、程序设计题

1. 本题是一个典型的循环结构问题，可以使用 Do While 或 For 循环。

不管使用的是哪一种循环，都需要有一个循环变量标识别当前正在进行计算的值以及一个变量用作保存累加和的结果。

由于相加的都是奇数，可以让循环变量从 1 开始，相加后，将循环变量加 2，直接跳到下一个数字。

具体程序如下：
```
Private Sub Sub1
    I = 1
    s = 0
    do while i< = 21
        s = s + i
        i = i + 2
    loop
    MsgBox "总和为:" &s
End Sub
```

2. 经过观察，发现所有的奇数项都是正数，所有的偶数项都是负数，并且所有项的绝对值都是依次递增的。所以可以将本题看作一个连续整数相加问题，每次相加前先判断这个数是否是偶数，如果是偶数，则将其变换成相反数后再加。

具体程序如下：
```
Private Sub Sub2
    I = 1
    s = 0
    do while abs(i)< = 100
        s = s + i
        i = abs(i) + 1
        if i mod 2 = 0 then
            i = - I
        end if
    loop
    MsgBox "结果为:" &s
End Sub
```

3. 分析本题后发现，进行相乘的数字均为偶数，也就是可以利用 For 循环的 Step 选项，每次直接跳到下一个乘数，进行乘法运算。需要注意的是，与求数字的累加和不同的是，用来保存乘积结果的变量初始时不能等于 0，必须等于 1，否则，相乘的最后结果也为 0。

程序代码如下：
```
Private Sub Sub3
    t = 1
    for i = 2 to 20 step 2
        t = t * i
    Next i
    MsgBox "结果为:" & t
End Sub
```

4. 本题也是一个求数字的累计积问题，第 3 题的程序是从小的数字开始相乘，一直乘到大的数字。实际上也可以将最大的待乘数字首先乘入累计积变量中，再将较小的待乘数字乘入累计积变量中，一直乘到 1。这时累计积变量中的数字即是所求结果。

本题需要注意,循环的条件一定要确保最后乘的数字不能是 0;否则,最后的结果也是 0。

具体程序代码如下:
```
Private Sub CMD_Click()
    dim i as integer
    i = val(txt.value)
    t = 1
    do while i>= 1
      t = t * i
      i = i - 1
    loop
    txt = t
End Sub
```

练习题 11

一、选择题

1—5 CDACC 6—10 BABAB 11—15 CBDCA 16—20 ADBAB

二、填空题

1. 存取数据的方法 2. 程序的作用域 3. 数据库对象 4. 类 5. VBA 代码
6. 字母 7. ByRef 8. 值 9. 传址 10. Timer 11. 错误 12. −6 13. 字段列
14. 函数名(实参) 15. As 16. Public 17. Private 18. −4 19. 99 20. 3132

三、设计题

1. ```
Prinvate Sub ok0_Onlick ()
    msgbox input0.Value
End Sub
```

2. ```
Function Fun (dim m as integer)
    if m<0
       m = int(m)
End Function
Function main(dim n as integer)
    inputbox n
    if n<0
       n = Fun(n)
End Function
```

3. 分析:该题的方法很多,这里给出了解题的步骤。

步骤:(1)打开高校教师管理系统中 salary 数据表;

(2)在该表中增加实发工资字段;

(3)建立一个子程序,定义几个变量分别表示实发工资、基本工资、津贴、其他、房租、公积金、医疗保险、所得税。具体的实发工资变量表示为题目要求的公式;

(4) 设置循环,统计出实发工资;
(5) 运行以上模块,查看结果。

练习题 12

一、选择题

1—5 CCBBC　6—9 ADCC

二、填空题

1. 文档　2. 设置数据库密码,用户级安全　3. MDE　4. 独占　5. 密码

三、思考题

1. 数据库应用系统开发一般包括需求分析、数据库设计、系统功能模块及实现等。

2. 数据库应用系统的主要功能模块一般数据录入、数据查询、报表输出和信息浏览等。

3. 使用切换面板,可以方便将应用系统的各个项目集成在一个或几个切换面板上。设计人员可以在切换面板上建立相应的一些按钮,单击这些按钮可以打开相应的窗体、报表、退出 Microsoft Access 或打开自定义的其他切换面板等。

使用"切换面板管理器",可以方便地设计所需的各个切换面板。

在"切换面板管理器"中,"切换面板页"列表框中的 Main Switchboard 为主切换面板,设计人员可以根据设计模块,分级设计各个切换面板,使每级模块分别对应一个切换面板,在每个切换面板上都可建立打开下一级切换面板或窗体、报表等对象的切换选项(按钮)。

4. 根据数据库文件生成 MDE 文件并发布,是保证数据库应用系统安全的一种措施。将数据库文件保存为 MDE 文件,是将代码进行编译,并压缩数据库。一旦生成 MDE 文件,数据库中窗体、报表以及源代码等是不可再编辑修改的。

模拟试卷 1

一、单项选择题(每题 1 分,共 20 分)

1. 在设计程序时,要先确定解决问题的方法和有限操作步骤,也就是_____,它直接影响程序的质量。
   A. 算法　　　　　　B. 文档　　　　　　C. 代码　　　　　　D. 数据
2. 多媒体信息不包括_____。
   A. 图像　　　　　　B. 音视频　　　　　C. 显示卡　　　　　D. 影像
3. 计算机网络是计算机技术与_____相结合的产物。
   A. 电话　　　　　　B. 线路　　　　　　C. 协议　　　　　　D. 通信技术
4. 域名与 IP 地址通过_____服务器相互转换。
   A. DNS　　　　　　B. WWW　　　　　　C. E-Mail　　　　　D. FTP
5. 对于关系数据库来说,下面说法错误的是_____。
   A. 每一列的分量是同一种类型数据,来自同一个域
   B. 不同列的数据可以来自同一个域
   C. 行的顺序可以任意交换,但列的顺序不能任意交换
   D. 关系中任意两个元组不能完全相同
6. 关系数据库中的任何操作的实现都是由 3 种基本检索运算组合而成,这 3 种基本运算不包括_____。
   A. 查找　　　　　　B. 连接　　　　　　C. 选择　　　　　　D. 投影
7. Access 的数据模型属于_____。
   A. 网状型　　　　　B. 关系型　　　　　C. 混合型　　　　　D. 层次型
8. 不属于实体与实体之间联系的是_____。
   A. 一对多联系　　　B. 一对一联系　　　C. 多对多联系　　　D. 多对一联系
9. 下面关于主键字段叙述错误的是_____。
   A. 数据库中每个表都必须有一个关键字段
   B. 主关键字段的值是唯一的
   C. 主关键字可以是一个字段,也可以是一组字段
   D. 主关键字段中不许有重复值和空值
10. 下面关于自动编号数据类型叙述错误的是_____。
    A. 每次向表中添加新记录时,Access 会自动插入唯一顺序号
    B. 自动编号数据类型一旦被指定,就会永远地与记录连接在一起

C. 如果删除了表中含有自动编号字段的一个记录后，Access 并不会对自动编号型字段进行重新编号

D. 被删除的自动编号型字段的值会被重新使用

11. 假设某数据库表中有一个地址字段，查找地址最后两个字为"安徽"的记录的准则为_____。
   A. Right([地址],2)="安徽"　　　　B. Right("地址",4)="安徽"
   C. Right("地址",2)="安徽"　　　　D. Right([地址],4)="安徽"

12. 建立一个基于"学生"表的查询，要查找"出生日期"在 1980-06-06 和 1980-07-06 间的学生，在"出生日期"对应列的"准则"行中应输入的表达式是_____。
   A. between 1980-06-06 and 1980-07-06
   B. between ♯1980-06-06♯ and ♯1980-07-06♯
   C. between l980-06-06 or 1980-07-06
   D. between ♯1980-06-06♯ or ♯1980-07-06♯

13. select 查询语句中 where 子句的作用是指出_____。
   A. 查询结果　　　B. 查询视图　　　C. 查询条件　　　D. 查询目标

14. 关于窗体，下列说法正确的是_____。
   A. 窗体可以用作切换面板用来打开其他窗体
   B. 窗体不可以用来接收用户输入的数据
   C. 窗体是只能用于接收用户输入数据的对象
   D. 窗体只能用于显示数据库中数据

15. 在 Access 2010 的功能区中，主要的命令选项卡包括_____、开始、创建、外部数据和数据库工具。
   A. 视图　　　　B. 编辑　　　　C. 工具　　　　D. 文件

16. 创建报表的主要目的是_____。
   A. 管理数据　　　B. 修改数据　　　C. 输入数据　　　D. 显示或打印数据

17. 下列说法不正确的是_____。
   A. 查询可以建立在表上，也可以建立在查询上
   B. 数据访问页可以添加、编辑数据库中的数据
   C. 对记录的添加、修改、删除等操作只能在表中进行
   D. 报表的内容属于静态数据

18. 计算销售产品总价的计算字段的表达式应为_____。
   A. =[单价]*[销售量]　　　　　　B. =AVG([单价]*[销售量])
   C. =SUM([单价]*[销售量])　　　D. =COUNT([单价]*[销售量])

19. 关于 Access 中所创建的数据访问页，说法正确的是_____。
   A. 存储在数据库中　　　　　　B. 与数据库无关
   C. 仅保存与该 HTML 文件的链接　D. 以上说法都不对

20. 下列关于模块的说法中，错误的一项是_____。
   A. 模块基本上由声明、语句和过程构成　B. 窗体和报表都有属于类模块
   C. 类模块不能独立存在　　　　　　　　D. 标准模块包含通用过程和常用过程

二、基本操作题(共 20 分)

在 C 盘中建立一个 Sample1 数据库。并按以下要求完成相关操作：

1. 设计一个"房源信息"表，并输入如下三条记录：

房源编号	详细地址	户 型	单 价
E0001	绿城国际 12-201	两室一厅	5300
F0001	绿城国际 8-201	三室两厅	6000
G0001	绿城国际 22-401	一室一厅	5000

2. 设计一个"户型"表，并输入如下记录：

户 型
两室一厅
三室两厅
一室一厅

3. 在"房源信息"表中，将"房源编号"字段设置为主键，字段大小设为 5。
4. 将"房源信息"表中"单价"字段的有效性规则设为大于等于 5000，并且小于等于 8800，有效性文本设为"价格输入不合理！"。
5. 在"户型"表中，按"户型名称"字段建立唯一索引，索引名为 huxing，降序排列，将"面积"字段大小改为"单精度型"，将户型为"两室一厅"的"面积"字段值改为 65.7。
6. 建立"户型"表和"房源信息"表之间一对多的关系，并在编辑关系对话框选中"实施参照完整性"、"级联更新相关字段"和"级联删除相关记录"复选框。

三、简单应用题(共 25 分)

有一个 Sample2 数据库。创建并运行以下查询：

1. 执行下列 SQL 语句后，产生什么表，表结构是什么？
Create table 学生(学号 char(10)，姓名 char(5)，出生日期 date，班级 char(10)，级别 char(4))。
2. 创建一个名为"SQ1"的选择查询，从"学生"表中查找 1992 年出生的学生信息，依次显示"姓名"、"出生日期"和"班级"等三个字段，并按"出生日期"降序排列。
3. 创建一个名为"SQ2"的总计查询，功能为统计各年级学生总人数，并依次显示"年级"、"总人数"两个字段。
4. 创建一个名为"SQ3"的生成表查询，依次显示"学号"、"姓名"、"年龄"等三个字段，"年龄"字段的计算公式为：Year(Date())-Year([出生日期])，将查询结果保存为"学生年龄"表。

四、综合应用题(共 20 分)

C 盘下有一个 Sample3 数据库，已经设计"图书"表、"图书信息"窗体和 Micro 宏。请按以下要求完成相关操作：

1. 创建一个以"图书"表为数据源的报表，要求按"出版社"字段分组，报表的名称和标题均为"图书信息输出"。

2.去掉"图书信息"窗体的记录选择器、分隔线和导航按钮。

3.在"图书信息"的窗体页眉节中添加一个标签控件,标题为"图书基本信息",字号为17,文本对齐方式为"居中"。

4.在"图书信息"窗体的主体节中添加一个命令按钮控件,名称为Cmd,标题为"预览",功能是预览"图书信息输出"报表;设置"关闭"按钮的单击事件为运行Micro宏。

五、编程题(共15分)

C盘下有一个Sample4数据库,已经设计"评选最佳理财方式"窗体。窗体样式如下图所示:

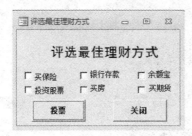

请按以下要求设计相关程序:

1.如果只选中一个理财方式选项,单击"投票"按钮,则显示"谢谢您的投票!"。

2.如果选中多个理财方式选项,单击"投票"按钮,则显示"最佳理财方式只能有一个,请重新选择!"。

3.如果没有选择理财方式,单击"投票"按钮,则显示"请选择一个最佳理财方式!"。

提示:使用MsgBox函数显示相关文本信息。

4.单击"关闭"按钮,退出Access。

【模拟试卷1参考答案】

一、单项选择题(每题1分,共20分)

1.A　2.C　3.D　4.A　5.C　6.A　7.B　8.A　9.A　10.D
11.A　12.B　13.C　14.C　15.D　16.D　17.C　18.C　19.C　20.A

二、基本操作题(共20分)

略

三、简单应用题(共25分)

略

四、综合应用题(共20分)

略

五、编程题(共15分)

```
Private Sub Command0_Click()
    Dim x As Integer
    x = 0
    If Check1.Value Then
        x = x + 1
```

```
        End If
        If Check2.Value Then
          x = x + 1
        End If
        If Check3.Value Then
          x = x + 1
        End If
        If Check4.Value Then
          x = x + 1
        End If
        If Check5.Value Then
          x = x + 1
        End If
        If Check6.Value Then
          x = x + 1
        End If
        If x = 0 Then
          MsgBox "请选择一个最佳理财方式!"
        End If
        If x = 1 Then
          MsgBox "谢谢您的投票!"
        End If
        If x>1 Then
          MsgBox "最佳理财方式只能有一个,请重新选择!"
        End If
    End Sub

    Private Sub Command0_Click()
        DoCmd.Close
    End Sub
```

模拟试卷 2

一、单项选择题(每题 1 分,共 40 分)

1. 安装防火墙的主要目的是_____。
   A. 提高网络的运行效率　　　　　　B. 对网络信息进行加密
   C. 保护内网不被非法入侵　　　　　D. 防止计算机数据丢失

2. 下面电子邮件地址格式正确的是_____。
   A. 用户名♯主机域名　　　　　　　B. 主机域名♯用户名
   C. 用户名@主机域名　　　　　　　D. 主机域名@用户名

3. 下列选项中,_____不是搜索引擎。
   A. 百度　　　　B. 淘宝　　　　C. 雅虎　　　　D. 谷歌

4. 在电子商务活动中,可用于证明用户身份的是_____。
   A. 数据备份　　B. 数字签名　　C. 安装防火墙　　D. 入侵检测

5. 计算机病毒在_____环境中的传播加快了其扩散速度。
   A. 光盘　　　　B. 硬盘　　　　C. 内存　　　　D. 网络

6. 数据库系统的核心是_____。
   A. 数据库　　　B. 操作系统　　C. 数据库管理系统　　D. 编译系统

7. Access 适合开发的数据库应用系统是_____数据库系统。
   A. 小型　　　　B. 中型　　　　C. 中小型　　　　D. 大型

8. 下列关于二维表的正确说法是_____。
   A. 属性集合称为关系　　　　　　　B. 二维表中的行称为属性
   C. 二维表中的列称为元组　　　　　D. 属性的取值范围称为值域

9. 关于 Access 字段名,下面叙述错误的是_____。
   A. 字段名的长度为 1～255 个字符
   B. 字段名可以包括字母、汉字、数字、空格和其他字符
   C. 字段名不能包含句号(.)、惊叹号(!)、方括号([ ])等
   D. 字段名不能出现重复

10. 创建交叉表查询必要的组件有_____。
    A. 值　　　　B. 列标题　　　C. 行标题　　　D. 以上三个都是

11. 在 SQL 查询中,查询"教师"表所有性别为"男"的记录,显示所有字段的语句_____。
    A. SELECT * FROM 教师

113

B. SELECT * FROM 教师 WHERE 性别＝"男"
　　C. SELECT * FROM 教师 WHILE 性别＝"男"
　　D. SELECT 姓名 FROM 教师

12. 可以作为窗体记录源的是_____。
　　A. 表　　　　B. 查询　　　　C. SELECT 语句　　　D. A、B、C 都可以

13. 在图表式窗体中,要显示一组数据的最小值,应该使用的函数是_____。
　　A. Avg　　　B. Sum　　　　C. Min　　　　　　　D. Max

14. 下列用于接收用户输入数据的控件是_____。
　　A. Aa　　　B. ab　　　　　C. ▦　　　　　　　　D. ▤

15. 下述关于报表链接字段的说法,正确的是_____。
　　A. 链接字段一定要显示在主报表上
　　B. 链接字段一定要显示在子报表上
　　C. 链接字段并不一定要显示在主报表上或子报表上
　　D. 链接字段可以不含在基础数据源中

16. 处于报表第一项的节是_____。
　　A. 组页眉节　　B. 报表页眉节　　C. 页面页脚节　　D. 页面页眉节

17. 如果要求在报表的页面页脚显示页码形式为"共 x 页 第 y 页",则应设置为_____。
　　A. "第"& [page] &"页 共"& [pages] &"页"
　　B. "共"& [page] &"页 第"& [pages] &"页"
　　C. "第"& [pages] &"页 共"& [page] &"页"
　　D. "共"& [pages] &"页 第"& [page] &"页"

18. 关于 Access 中所创建的数据访问页,说法正确的是_____。
　　A. 与数据库无关　　　　　　　　B. 仅保存与该 HTML 文件的链接
　　C. 存储在数据库中　　　　　　　D. 以上说法都不对

19. 运行一个操作查询的宏命令是_____。
　　A. OpenTable　　B. OpenQuery　　C. Openform　　D. OpenDiagram

20. 下列关于类模块说法,正确的是_____。
　　A. 窗体模块和报表模块都必须从属于各自的窗体和报表
　　B. 窗体模块和报表模块通常不含有事件过程
　　C. 类模块中的过程不可以调用标准模块中定义好的过程
　　D. 类模块的生命周期是伴随应用程序的运行而开始、关闭而结束

二、基本操作题(共 20 分)

有一个 Sample1 数据库,已有"体检"表。请按以下要求完成相关操作:

1. 在"体检"表中,在"身高"字段后添加"有无病史"字段,数据类型为"是/否",设置"学号"字段为主键,"姓名"为必需字段。

2. 在"体检"表中,添加记录(2011110101,杨家军,5.0,1.75,False,70)。

3. 将考生文件夹下文本文件 student.txt 导入到当前数据库,在导入文本向导对话框中选择"第一行包含字段名称",以"学号"为主键,保存为"学生"表,其余选择默认操作。

4. 在"学生"表中,设置"性别"字段大小为 1,默认值为"女"。

5. 以"学生"为主表,"体检"为子表,"学号"为关联子段,建立一对一的关系,并在编辑关系对话框选中"实施参照完整性"、"级联更新相关字段"和"级联删除相关记录"。

三、简单应用题(共 25 分)

有一个 Sample2 数据库,已经设计"学生"表和"体检"表。创建并运行以下查询:

1. 创建一个名为"SQ1"的参数查询,功能为按照姓名查找学生的体检信息,依次显示学生的"姓名"、"专业"、"视力"和"身高"等四个字段。当运行该查询时,提示框显示"请输入学生姓名"。

2. 创建一个名为"SQ2"的选择查询,查找"体检"表中身高大于等于 1.6 且无病史的学生信息,依次显示"姓名"、"身高"和"有无病史"等三个字段(逻辑值为 true 表示有病史,false 表示无病史)。

3. 创建一个名为"SQ3"的生成表查询,实现将"学生"表中所有女生的记录信息保存到名为"女学生信息"的新表中,要求新表与"学生"表的结构完全一致。

4. 创建一个名为"SQ4"的选择查询,依次显示"学生"、"专业"和"爱好"等三个字段,其中"学生"字段为"学号+姓名"形式。

5. 创建一个名为"SQ5"的更新查询,实现将"学生"表中"联系电话"字段值前面加 0551,更新公式为:联系电话="0551"+联系电话。

四、综合应用题(共 20 分)

有一个 Sample3 数据库,已经设计"专业"表、"班级"表。请按以下要求完成相关操作:

1. 创建以"专业"表为数据源的表格式报表,报表名称和标题都为"专业信息",报表按"专业代码"升序排列,在报表页脚添加文本框,文本框显示专业总数,相应标签标题为"专业"。

2. 在设计视图中创建"班级信息"窗体,以"班级"表为数据源;在窗体页眉节中添加标签,标题为"班级基本信息",字号 24,字体为黑体。

3. 创建名为 Micro 的宏,功能为关闭"班级信息"窗体,并显示"即将关闭系统!"消息窗口。

4. 在"班级信息"窗体主体节添加 3 个文本框控件 Text0、Text1、Text2,分别与"班级"表的"班级名称"、"班主任"和"年级"字段绑定,在主体节中再添加 2 个命令按钮控件,一个按钮标题为"专业信息",单击事件为预览"专业信息"报表;另一个按钮标题为"退出",单击事件为运行宏 Micro。

五、编程题(共 15 分)

有一个 Sample4 数据库,已经设计"选择计算"窗体。窗体样式如下图所示:

请按以下要求设计相关程序：

1. 通过在"输入整数"文本框中输入一个整数，如果选择"求累加和"单选项，则单击"计算"按钮后，"结果"文本框中显示从1到该整数之间所有整数的累加和。如果选择"求阶乘"单选项，则单击"计算"按钮后，"结果"文本框中显示该整数的阶乘。

2. 单击"退出"按钮，退出 Access。

【模拟试卷 2 参考答案】

一、单项选择题(每题 1 分，共 20 分)
1. C 2. C 3. B 4. B 5. D 6. C 7. C 8. D 9. C 10. D
11. B 12. D 13. C 14. B 15. D 16. B 17. B 18. B 19. B 20. D

二、基本操作题(共 20 分)
略

三、简单应用题(共 25 分)
略

四、综合应用题(共 20 分)
略

五、编程题(共 15 分)

```
Private Sub Command0_Click()
  Dim x,sum As Integer
  If Check1.Value Then
    Sum = 0
    For x = 1 To Val(Text1.Value)
      Sum = Sum + x
    Next i
  End If
  If Check2.Value Then
    Sum = 1
    For x = 1 To Val(Text1.Value)
      Sum = Sum * x
    Next i
  End If
  Text2.Value = Sum
End Sub


Private Sub Command0_Click()
  Quit
End Sub
```

附 录
全国高等学校(安徽考区)计算机水平考试 《Access数据库程序设计》教学(考试)大纲

一、课程基本情况

课程名称:Access数据库程序设计

课程代号:253

先修课程:计算机应用基础

参考学时:72学时(理论36学时,上机实验36学时)

考试安排:每年两次考试,一般安排在学期期末

考试方式:笔试+机试

考试时间:笔试60分钟,机试90分钟

考试成绩:笔试成绩×40%+机试成绩×60%

机试环境:Windows 7+Access 2010

设置目的:

Access是一款功能强大的桌面关系型数据库管理系统。它既具有典型的Windows应用程序风格,又具备可视化及面向对象等特点,是当前开发和应用小型数据库的标准选择。通过本课程的学习,可以使学生了解面向对象技术的基本概念与应用方法,掌握创建、编辑Access数据库对象的基本方法,从而培养学生的数据库设计、开发与维护能力以及初步的程序设计与编写能力,为后续课程的学习和计算机应用奠定良好的基础。

二、课程内容与考核目标

第1章 数据库基础知识

(一)课程内容

数据处理技术简介,数据库系统的组成与特点,数据模型,关系数据库,Access的打开与关闭,Access的使用环境。

(二)考核知识点

数据库的基本概念,数据处理技术的发展历程,数据库系统的组成与特点,数据模型,关系数据库理论及基本关系运算,关系数据库设计,数据的完整性,Access的启动和退出方法,Access的使用环境。

(三)考核目标

了解:数据处理技术的发展历程,数据库系统的组成与特点,Access 的使用环境。

理解:数据模型的相关概念,关系数据库,关系运算。

掌握:数据库基础知识,Access 的启动与退出方法。

(四)实践环节

1. 类型

演示、验证。

2. 目的与要求

掌握启动和退出 Access 的常用方法,熟悉 Access 的使用环境与帮助系统。

第 2 章 数据库与表

(一)课程内容

创建数据库,创建表,编辑表,使用表,表间关系及建立。

(二)考核知识点

创建数据库的方法,创建表的方法,创建表结构,表的视图,设置字段的属性,输入记录,表的常见应用,修改表结构,编辑表内容,调整表的外观,主键的作用及创建,建立表之间的关系。

(三)考核目标

了解:调整表外观的方法。

理解:主键的作用,表间关系。

掌握:创建数据库,创建表,修改表,表的视图,创建表间关系,表的编辑与使用。

(四)实践环节

1. 类型

验证、设计。

2. 目的与要求

掌握创建数据库、数据表以及建立表关系的方法,能够正确设置和修改表字段的类型、属性。

第 3 章 数据查询

(一)课程内容

查询的概念,查询创建方法,查询设计器的使用,查询的分类。

(二)考核知识点

查询的功能、视图、分类和条件,用向导创建查询,用设计器创建选择查询、交叉表查询、参数查询、操作查询(生成表查询、追加查询、删除查询、更新查询)和 SQL 查询,查询中进行计算,查询的修改、运行,常用的 SQL 命令。

(三)考核目标

了解:查询的功能和分类,SQL 命令语法结构。

理解:交叉表查询,SQL 命令的作用。

掌握:查询的视图和条件,查询设计器的使用方法,各类查询的创建与使用。

(四)实践环节

1. 类型

验证、设计。

2. 目的与要求

掌握各种查询的创建与修改方法,能够正确使用查询设计器。

第4章 窗体

(一)课程内容

窗体的概念,窗体的创建和修改,窗体控件的使用,窗体和控件的属性,窗体的布局,定制系统控制窗体。

(二)考核知识点

窗体的概念和作用,窗体的类型,窗体的视图与结构,窗体的创建方法,窗体中控件的使用,窗体和控件的属性。

(三)考核目标

了解:窗体的组成和布局,窗体的类型。

理解:窗体的概念,窗体设计器每个节的作用。

掌握:创建窗体的方法,窗体的视图,常用控件的使用,窗体和控件的属性、事件。

(四)实践环节

1. 类型

验证、设计。

2. 目的与要求

掌握各种类型窗体创建与修改的方法,能够正确使用和布局常用控件,掌握窗体和控件属性的设置方法。

第5章 报表

(一)课程内容

报表的基本概念与组成,建立报表,报表中记录的排序和分组,使用计算控件,编辑报表。

(二)考核知识点

报表的概念、作用、视图和组成,建立报表的方法,添加计算字段,报表统计计算,报表常用函数,记录的排序与分组,编辑报表。

(三)考核目标

了解:报表的组成,报表的视图,报表与窗体的区别。

理解:报表设计器每个节的作用,报表常用函数。

掌握:建立报表的方法,报表中计算控件的使用,报表中记录的排序和分组。

(四)实践环节

1. 类型

验证、设计。

2. 目的与要求

掌握创建报表的各种方法,能够自由地设计报表并使用计算控件对数据进行统计汇总。

第 6 章 宏

(一)课程内容

宏的基本概念,宏的建立,宏的编辑,宏的运行,常用宏在 Access 中的具体使用。

(二)考核知识点

宏的功能,宏的分类,创建宏,常用宏命令。

(三)考核目标

了解:宏的基本概念、作用和种类。

理解:宏参数的含义。

掌握:序列宏、条件宏、宏组的创建和运行方法,常用宏命令。

(四)实践环节

1. 类型

验证、设计。

2. 目的与要求

掌握序列宏、宏组及条件宏的建立和修改方法,能够在窗体或其他数据库对象中正确地调用宏命令。

第 7 章 程序设计基础

(一)课程内容

VBA 编程环境,VBA 的数据类型,变量与函数,表达式,程序基本结构,面向对象程序设计概念,事件触发过程的处理方法。

(二)考核知识点

VBA 的基本概念,VBA 编辑器的使用,数据类型,变量的声明,常用函数,表达式,程序的基本结构,面向对象的 VBA 编程,窗体中的事件及事件处理过程,VBA 程序的调试。

(三)考核目标

了解:VBA 的基本概念,面向对象的 VBA 编程,变量声明的方法。

理解:数据类型,常用函数,表达式。

掌握:程序的基本结构,语句格式,程序设计的一般方法,窗体中的事件及事件处理过程。

(四)实践环节

1. 类型

验证、设计。

2. 目的与要求

掌握程序的 3 种基本结构及相关语句的格式,能够正确选择窗体中的事件并编写简单的事件过程。

第 8 章 模块

(一)课程内容

模块、对象、过程等基本概念,模块的分类和调用,参数传递,面向对象的相关知识,模块

中异常控制,模块在窗体和报表中的应用。

(二)考核知识点

模块的概念,模块的分类和创建,函数、过程的概念,参数的传递,模块在窗体和报表中的应用。

(三)考核目标

了解:参数传递方法及模块的应用,程序调试的步骤与方法。

理解:模块的基本概念。

掌握:模块的分类以及建立和调用的方法。

(四)实践环节

1. 类型

验证、设计。

2. 目的与要求

掌握模块建立和调用的方法。

第9章 创建数据库应用程序

(一)课程内容

Access 应用程序简介,创建 Access 应用程序,发布、管理和维护应用程序。

(二)考核知识点

Access 创建应用程序的一般过程,Access 中窗体、报表、页、宏、模块的综合应用,数据库的一些实用工具和安全管理。

(三)考核目标

了解:Access 项目的基本概念及创建项目的基本过程与方法。

理解:窗体、报表、页、宏、模块等对象在项目开发中的应用。

掌握:应用程序发布、管理和维护的常用方法。

(四)实践环节

1. 类型

验证、设计。

2. 目的与要求

掌握应用程序的设计、实现与发布以及数据库安全管理的基本方法。

三、题型及样题

1. 笔试

题型	题数	每题分值	总分值	题目说明
填空题	15	2	30	
阅读理解题	4	10	40	
编程题	2	15	30	

2. 机试

题型	题数	每题分值	总分值	题目说明
单项选择题	20	1	20	含5题计算机基础知识
基本操作题	1	20	20	建立并维护数据表
简单应用题	1	25	25	创建各种查询
综合应用题	1	20	20	创建窗体和报表
编程题	1	15	15	综合应用

笔试样题

一、填空题(每题2分,共30分)

1. 在设置查询条件时,可以使用的通配符有"?"和_____。
2. 在 Access 中,数据表之间的关系有一对一、一对多和_____3种。
3. 在较大的数据表中,为了加快查询速度,一般先对字段进行_____,然后再实施查询操作。
4. 在录入数据表中的数据时,如果要求用户输入的日期必须大于2010年9月1日,且小于等于当前日期,则字段的有效性规则表达式可以表示为_____。
5. 如果数据表中某个字段的值在多数情况下是相同的值,为了加快录入速度,减少录入错误,可以通过设置字段的_____属性来实现。
6. 在 Access 中,如果要将某表中的若干记录删除,应该创建_____查询。
7. 利用对话框提示用户输入查询信息的查询称为_____。
8. 在创建分组统计查询时,在查询设计视图中,用于分组字段的总计项应设置为_____。
9. 窗体有_____视图、数据表视图和窗体视图等3种视图形式。
10. 若窗体的数据源由多个相关表的部分数据组成,一般先创建一个_____,再在此基础上创建窗体。
11. 在显示有_____关系的表或查询中的数据时,子窗体特别有效。
12. 根据对数据源的操作方式和结果不同,查询可以分为5类,分别是_____、交叉表查询、参数查询、操作查询和 SQL 查询。
13. 较为流行的报表形式有4种,分别是_____、表格式报表、图表式报表和标签式报表。
14. SQL 语句"Select * from 教师表"的功能是查询教师表中的_____字段。
15. 定义_____有利于对数据库中宏对象的管理。

二、阅读理解题(每题10分,共40分)

1. 考生信息表的数据视图与查询1的设计视图分别如下所示,请仔细观察后,用表格形式写出查询1执行的结果。

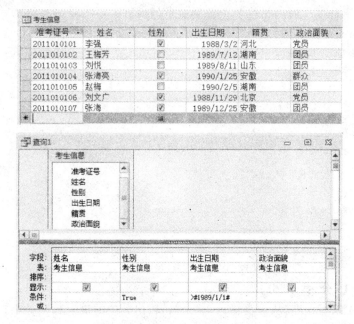

2. 请认真阅读以下程序,并分别写出程序运行后变量 i 和变量 s 的值。
```
Sub Pro1()
s = 0
For i = 1 To 10 Step 2
  s = s + 1
  i = i * 2
Next i
End Sub
```

3. 在窗体中有一个名称为 Cmd1 的命令按钮,对应的事件过程如下。(1)请简要描述该过程的功能;(2)如果事件运行时依次输入 1、2、3、4、0,请写出变量 y 的结果。
```
Private Sub Cmd1_Click()
  Dim x As Single, y As Single
  Dim z As Integer
  x = InputBox("Enter a number")
  Do While x > 0
    y = y + x
    z = z + 1
    x = InputBox("Enter a number")
  Loop
  If z = 0 Then
    z = 1
  End If
  y = y/z
  MsgBox y
End Sub
```

4. 在窗体上有一个命令按钮 Cmd2 和两个标签(Label1、Label2),程序编写如下,请写出命令按钮的单击事件发生时两个标签上分别显示的内容。

```
Dim x As Integer
Private Sub Cmd2_Click()
   Dim y As Integer
   x = 5
   y = 3
   Call proc(x,y)
   Label1.Caption = x
   Label2.Caption = y
EndSub
Sub proc(ByVal a As Integer,ByVal b As Integer)
   x = a * a
   y = b + b
EndSub
```

三、编程题(每题 15 分,共 30 分)

1. 使用 VBA 编写程序,从键盘输入 10 个数,输出其中的最大数和最小数。

2. 如下图所示,窗体中包含 3 个文本框(名称分别为 Text1、Text2 和 Text3,分别用于表示矩形的长、宽和面积)和 1 个命令按钮(名称为 Cmd1)。请编写该命令按钮的单击事件过程,使其能够根据输入的长和宽,计算面积并将结果显示在 Text3 中。

机试样题

一、单项选择题(每题 1 分,共 20 分)

1. 计算机里使用的集成显卡是指_____。
   A. 显卡与网卡制造成一体   B. 显卡与主板制造成一体
   C. 显卡与 CPU 制造成一体   D. 显卡与声卡制造成一体

2. 在 Windows 中,将当前窗口作为图片复制到剪贴板时,应使用_____键。
   A. Alt+Print Screen   B. Alt+Tab
   C. Print Screen   D. Alt+Esc

3. 电子商务中,保护用户身份不被冒名顶替的技术是_____。
   A. 安装防火墙   B. 数据备份   C. 数字签名   D. 入侵检测

4. 使用_____命令,可以查看计算机的 IP 地址。
   A. ping   B. regedit   C. net send   D. ipconfig

5. 下列关于物联网的描述中,错误的是_____。
   A. 物联网不是互联网概念、技术与应用的简单扩展
   B. 物联网与互联网在基础设施上没有重合
   C. 物联网的主要特征有全面感知、可靠传输、智能处理
   D. 物联网的计算模式可以提高人类的生产力、效率、效益

6. 用来输入或编辑字段数据的交互式控件是_____。
   A. 标签控件   B. 文本框控件   C. 复选框控件   D. 列表框控件

7. 选项组中可以使用的控件类型不包括_____。
   A. 命令按钮   B. 切换按钮   C. 复选框   D. 选项按钮

8. 功能为将字符串转化成数值的函数是_____。
   A. Str   B. Val   C. Chr   D. Asc

9. 表中某一字段要建立索引,其值有重复,可选择_____。
   A. 无   B. 主索引   C. 有(有重复)   D. 有(无重复)

10. 数据库中最基本的操作对象是_____。
    A. 报表   B. 查询   C. 窗体   D. 表

11. 一个关系就是一个二维表,关系中的元组就是表中的记录,关系中的属性就是表中的_____。
    A. 元组   B. 属性   C. 字段   D. 域

12. 以下查询中,不属于操作查询的是_____。
    A. 生成表查询   B. 更新查询   C. 删除查询   D. 交叉表查询

13. 数据库(DB)、数据库系统(DBS)与数据库管理系统(DBMS)之间的关系是_____。
    A. DBS 包括 DB 和 DBMS   B. DBMS 包括 DB 和 DBS
    C. DB 包括 DBS 和 DBMS   D. DBS 就是 DB,也就是 DBMS

14. 在数据库中,能唯一地标识一个元组的属性的组合称为_____。
    A. 记录   B. 关键字   C. 字段   D. 域

15. 如果一张数据表中含有照片,那么"照片"这一字段的数据类型通常设置为_____型。
    A. 文本   B. 备注   C. OLE 对象   D. 超级链接

16. 数据"真"或"假"属于_____数据。
    A. 文本型   B. 数字型   C. 备注型   D. 是/否型

17. 若要在表的数据表视图中直接显示符合特定条件的记录,可以使用 Access 提供的_____。
    A. 筛选功能   B. 排序功能   C. 查询功能   D. 报表功能

18. 假设教师表中有一个职称字段,查找职称为教授或副教授的记录的准则是_____。
    A. Like"教授" And Like "副教授"   B. Like ("教授","副教授")
    C. In ("教授","副教授")   D. "教授" And "副教授"

19. 关于字段的属性,以下叙述错误的是_____。
   A. 不同类型的字段,其字段属性有所不同
   B. 字段的有效性规则属性用于限制输入值的范围
   C. 字段的大小可用于设置文本、数字或自动编号等字段的最大容量
   D. 字段的数据类型可以不同,但各字段格式属性的设置都相同

20. 下列 Select 语句中,正确的是_____。
   A. Select * from 教师表 Where 职称="教授"
   B. Select * from 教师表 Where 职称=教授
   C. Select * from 教师表 While 职称="教授"
   D. Select * from 教师表 While 职称=教授

二、基本操作题(每小题 4 分,共 20 分)

考生文件夹中 Sample1.mdb 数据库内有一个"产品"表,请按照以下要求完成表的编辑:

1. 修改"产品名称"是"无线网卡"的记录,将"生产日期"修改为"2013-11-11";
2. 将"产品编号"字段设置为主键;
3. 将"生产日期"设置为必填字段;
4. 将"产品编号"字段的默认值设置为 20140001;
5. 将考生文件夹下的 Excel 文件"供销商.xls"导入到数据库中,以"供销商"为表名,并在"供销商"表中追加如下记录。

供销商号	供销商名	地址
3	合肥电子公司	合肥
4	江淮汽车公司	合肥

三、简单应用题(每小题 5 分,共 25 分)

考生文件夹中有一个 Sample2.mdb 数据库,已经设计了"部门"表和"教师"表。创建并运行以下查询:

1. 创建一个名为"SQ1"的选择查询,从"教师"表中查找"职称"为"副教授"的记录,依次显示"教师"表中所有字段;
2. 创建一个名为"SQ2"的参数查询,依次显示"系号"、"姓名"、"职称"、"学位"和"讲授课程"等 5 个字段,当运行该查询时,提示框显示"请输入教师姓名";
3. 创建一个名为"SQ3"的总计查询,统计每个系的人数,依次显示"系号"和"人数"两个字段,其中"人数"为计算字段;
4. 创建一个名为"SQ4"的交叉表查询,以"姓名"为行标题,"讲授课程"为列标题,交叉点为"课时数"的值;
5. 创建一个名为"SQ5"的更新查询,实现将副教授的"津贴"字段值增加 200 元。

四、综合应用题(每小题 5 分,共 20 分)

考生文件夹中有一个图片文件 Back.bmp 和一个 Sample3.mdb 数据库,已经设计了"供应商"表、"商品"表和"供货方资料"窗体。请按以下要求完成相关操作:

1. 创建一个以"商品"表为数据源的表格式报表,报表的名称和标题均为"商品信息";
2. 创建一个"综合查询"窗体,在窗体页眉节中添加一个标签控件,标题为"查看信息",在窗体的主体节中添加一个图像控件,图像来源于 Back.bmp 文件;
3. 创建一个宏,名称为 Micro,功能为打开"供货方资料"窗体;
4. 在"综合查询"窗体的主体节中添加两个命令按钮控件,一个按钮标题为"供货方资料",单击事件为运行 Micro 宏;另一个按钮名称为 Cmd,标题为"商品资料",功能为预览"商品信息"报表。

五、编程题(每小题 5 分,共 15 分)

考生文件夹中 Sample4.mdb 数据库内已经建立了如下图所示的 Ftmp 窗体。其中 3 个命令按钮的名称分别为"btn1"、"btn2"和"btn3",标题分别为"考试范围"、"考试类型"和"考试语种";文本框的名称为"txt1"。请按照以下要求,编写各相关事件的程序:

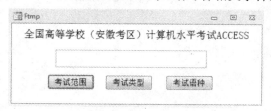

1. 单击"考试范围"按钮,在文本框中显示"全国高等学校(安徽考区)";
2. 单击"考试类型"按钮,在文本框中显示"计算机水平考试";
3. 单击"考试语种"按钮,在文本框中显示"ACCESS"。

注意:不允许修改 Ftmp 窗体中未涉及的控件、属性以及程序中已存在的语句。